10 Jahre DonauFestival Räume in Bewegung

SpringerWienNewYork

10 Jahre DonauFestival

Alf Krauliz
Marion Mauthe

Räume

in Bewegung

Mit Fotos von Lukas Beck

Gestaltet von Gudrun Hohengasser

Widmung

Für Gertrude Krauliz, die Gründerin des Hauses vom Freundlichen Sessel in Motten,
die die Gabe hatte, Kinder ihre eigenen Möglichkeiten finden zu lassen.
Für Mira, Rolf-Peter Schweenebauch und Lilli Marilli.
Besonderen Dank an: Evelyn, Ingrid, Gudrun, Marion, Nadja, Sandra, Uli,
Dominik, Edi, Eugen, Franz, Hermann, Lukas
und alle, die am Zustandekommen dieses Buches beteiligt waren.

Gefördert

Gefördert aus Mitteln des Bundesministeriums für auswärtige Angelegenheiten, des Bundesministeriums für Bildung, Wissenschaft und Kultur, des Bundeskanzleramtes – Sektion für Kunstangelegenheiten, des Landes Niederösterreich, der Städte Krems/Donau, St. Pölten, Tulln, Baden, Heidenreichstein. Mit Unterstützung durch die niederösterreichischen Raiffeisenbanken und die Raiffeisen-Holding NÖ-Wien.

Impressum

Herausgeber • CINDIS - Center of Interdisciplinary Studies and Research,
Dominik Kimmel
Inhaltliche Konzeption • Ideenfindung Ei, A-1070 Wien
Gestaltung • Gudrun Hohengasser
Atelier im Kino, A-3200 Ober Grafendorf
Umschlagfoto • Lukas Beck, »Andrea Ladányi – Solotanz«
Repro-, Druck- und Bindearbeiten • A. Holzhausen Nfg., A-1140 Wien

Gedruckt auf säurefreiem, chlorfrei gebleichtem Papier – TCF
SPIN: 10889587

ISBN 3-211-83864-3 • Springer-Verlag Wien New York

Der Weg zur Bühne total

vorWort

Der britische Bühnenbildner Edward Gordon Craig begann in den zwanziger Jahren des 20. Jahrhunderts einen Kampf gegen die Guckkastenbühne, die die Schauspieler vom Publikum deutlich abgrenzte, und gegen die Bindung an eine fixe Architektur, die das Theater erstarren ließ. Sein System beschränkte sich im Wesentlichen auf eine Reihe riesiger Leinwandflächen, die das Spiel wechselnder, fantastischer Lichteffekte auffingen. Ausschließlich diese Prospekte und ein paar verstellbare Podien und Stufen bildeten die ganze Dekoration.

Craig verbrachte sein langes Leben hauptsächlich damit, gegen die Selbstgefälligkeit und Dummheit der Schauspieler, die Unzulänglichkeit der Regisseure und die Geschmacklosigkeit der bis dahin üblichen Bühnenbilder zu opponieren. Im Unterschied zu Friedrich J. Kiesler, dessen »Raumbühne« aus dem Jahr 1924 erst im 21. Jahrhundert zu späten Ehren kam, hatte Craig durchschlagenden Erfolg: Das Theater heute bezieht in der Hauptsache die Neuerungen des Briten ein, wenn auch sein demokratisch und beinahe anarchistisch gedachtes Ensemble aus Schauspielern, Regisseur, Beleuchter, Bühnen- und Kostümbildner dem Regie- und bald schon dem Lichteffektetheater Platz machen musste. Doch seine Forderung, dass das Theater zu den Menschen kommen muss und nicht umgekehrt, ist wichtiger Bestandteil des heutigen Kunstverständnisses und weltweit zur

Grundlage für kulturelle Veranstaltungen aller Art geworden. Und als Niederösterreich in den späten achtziger Jahren des 20. Jahrhunderts das »ganze Land zur Bühne« machen wollte, ist diese Idee auch in die Köpfe der verantwortlichen Politiker gelangt. Die Aufbruchsstimmung, die damals herrschte, ex post nachzuvollziehen, scheint schwierig angesichts des Wissens um den Verlauf der Balkankriege und die Diskussionen um die Erweiterung der Europäischen Union. Dazu kam die allgemeine politische und wirtschaftliche Polarisierung und die neuerliche Abgrenzungspolitik zu Beginn des 21. Jahrhunderts.

Vielfalt dieses Raumes zur »Antithese der Uniformität des deutschen Gedankens« (Zitat Emil Brix) stilisiert werden musste.

Dieses Buch soll einen Überblick über eine Zeit des Aufbruchs geben und den Leser mitnehmen durch die fantastische Welt des Theaters. Es entstand aus dem Wunsch, alles noch einmal zu erleben und dann abzuschließen. Nicht die Aufzählung von Künstlern, sondern die Philosophie dahinter und das Persönliche zählen. Was ich hier niederschreibe, soll ein Plädoyer für die Ideenfindung und Kreativität auf dem eigenen Weg sein. »Kultur als Lustprinzip« – frei nach Epikur:

Kultur als

Dennoch sei daran erinnert, dass sich 1988 erste Korrosionsschäden am Eisernen Vorhang abzeichneten, und als zwei Jahre später die Öffnung der Grenzen zu den Ländern des ehemaligen Warschauer Paktes vollzogen war, wurde deutlich, dass Niederösterreich nicht nur das Kernland Österreichs, sondern ganz Mitteleuropas darstellt. Selbstbewusstsein war für ein Land angesagt, das bisher das alte Kulturgut innerhalb seiner Grenzen zwar erfolgreich vermitteln konnte, doch bald erkannte, dass eine Region mit starkem geschichtlichem Bezug als bloßes Freilichtmuseum keinen Erfolg bei der Identitätssuche wird verbuchen können: Die Avantgarde war immer bestimmende Determinante bei gesellschaftlichen Veränderungen.

Als die Kultur-Verantwortlichen der Niederösterreichischen Landesregierung im Jahr 1988 darangingen, ein »Donaufestival« zu planen, lag diesem der Gedanke an den Donauraum als Zentrum des neu zu gestaltenden Europas zugrunde. Und der Anteil Niederösterreichs an dieser europäischen Region sollte Darstellungsfläche einer Vision sein, die über Staats- und Sprachgrenzen hinausreicht, wobei die

Ist der Abschiedsschmerz groß, kann er nie lange dauern, dauert er hingegen lange, gewöhnt man sich daran. Punktum. Natürlich ist es interessant, wie schnell etwas vergessen ist, da ist ein Festival besser dran. Es ist Dünger für Neues, wie ein Misthaufen, auf dem alles landet – Lob, Häme, Euphorie, Traurigkeit. Diese zehn Jahre sollen also auch Dung sein und immer für Neubeginn stehen.

Ich will Sie in diesem Buch mit Einzelheiten befassen. Sie sollen Anteil haben daran, wie in einer Region um relativ wenig Festivalsgeld doch so viel passiert ist. Das Budget betrug etwa ein Siebtel der Wiener Festwochen, und wir mussten uns die Spielstätten in Niederösterreich erst bauen. Pionierzeit? Ja. Gott sei Dank. In ausgetretenen Pfaden zu gehen, ist bekanntlich weniger spannend. Es würde sich lohnen, lange Beiträge zu all den wundervollen Ensembles, Einzelkünstlern und Produktionen zu schreiben, sich noch einmal mit den Choreografen, Regisseuren, Tänzern, Musikern, Schauspielern, Literaten und bildenden Künstlern ganz genau auseinander zu setzen. Und Tatsache ist, dass wir oft Jahre vor den anderen Kulturvermittlern die wichtigsten Ensembles und Künstler für das Festival entdeckten.

Das Buch wird wenig auslassen. Die großen Enthüllungen fehlen allerdings. Es gibt keine. Die Künstler und Kulturvermittler haben enthusiastisch, aber doch konkret ihre Arbeit gemacht und ihre inhaltlichen Ziele erreicht. »Gemachte Provokationen« fehlen. Das Festival war für viele Provokation genug, weil das eigenständige Konzept aufging. Nach dem heiklen Start 1988 schmerzte es einige, dass es im neuen Gewand ab 1991 vom Publikum angenommen wurde. Einige Neider waren auch fleißig am Intrigieren, So wächst Gemeinsames. Am besten Platz und im besten Klima: an der Donau im Stadtpark von Krems.

Mit Marion Mauthe ist es ein Vergnügen, Bücher zu schreiben. Sie kennt die Materie, das Festival und Niederösterreich als langjährige Redakteurin der Kulturzeitschrift »morgen«. Sie ordnete die Gedanken, stellte sie in einen Kontext und macht alles lesbar. Die Figur des Captains als Alter Ego soll dem Leser die emotionellen Hintergründe näher bringen. Nun – der Ansatz mag stimmen, auch die schwankenden Elemente.

Lukas Beck hat viele Jahre Künstler und Aktionen des Donaufestivals fotografiert. Zwischen Backstage,

Lustprinzip

und das Donaufestival wäre wahrscheinlich auch provinziell geworden, wenn es nicht viele internationale Freunde und Anerkennung auch in anderen Bundesländern gefunden hätte – und unentwegt durch die Region getourt wäre: in die Vierteln des Landes. Als »Off-Line«. So machte es Punkte. Auch im sehr starken Einzugsgebiet Wien. Der Landeshauptmann, viele Politiker standen dazu. Und spielten das Spiel in der Öffentlichkeit mit. Ebenso zahlreiche unterstützende Sponsoren und öffentliche Stellen wie das Land Niederösterreich und Ministerien, besonders das Ministerium für Unterricht und Kunst. Couragierte Leute sind zu Besuch gewesen, wie der ehemalige Vizekanzler der Republik Erhard Busek und Frau Minister Elisabeth Gehrer – beide Stammgäste in Krems beim Festival. Auch der heutige Bundeskanzler kam gern nach Krems, genauso wie der Staatssekretär und die ORF-Intendanten Zeiler, Twaroch und Lindner.

Das Publikum, die Medien und die Gastwirte hatten den größten Anteil am Gelingen des Festivals. Denn sie griffen jährlich unsere Ideen auf und machten daraus ihre eigene Geschichte. So soll es sein.

Auftritt und privat. Erstaunliches und Wertvolles ist dabei herausgekommen. Eine Ausstellung für sich. Inge Morath – postum – und einige andere haben ihre Bilder beigesteuert.

Gudrun Hohengasser als Gestalterin dieses Bildbands hat mit viel Verständnis und Liebe zum Detail ein ansprechendes grafisches Konzept entwickelt und so dazu beigetragen, dass die Bilderflut, die in den Archiven des Donaufestival-Büros ruht, dokumentierend hier zu neuem Leben erweckt wurde.

Hunderte Mitarbeiter waren in den zehn Jahren dabei, und darunter waren viele ganz großartige, künstlerisch verständige und liebe Menschen. Sie haben es mir ermöglicht, ein international beachtetes Mehrspartenfestival aufzubauen und zehn Jahre auf einem hohen Niveau zu halten. Sie mögen verzeihen, dass sie so selbstverständlich Bestandteil der Geschichte sind, dass sie namentlich nicht alle erwähnt werden. Die langjährigen Sponsoren aus der niederösterreichischen Wirtschaft haben gesammelt, die fördernden Stellen alle mitgeholfen, und so ist dieses Buch möglich geworden. Ihnen allen sei gedankt.

Alf Krauliz

Inhalt

10 Jahre

DonauFestival

Theater

– m o b i l

1 9 9 0

Alf Krauliz übernimmt 1990 als Intendant das Donaufestival und baut es zu einem der größten internationalen Mehrspartenfestivals aus.

Der Fluss – Route und Festivalsaussage.
[Foto von Inge Morath: Die Donau. Ausstellung in Krems in der Dominikanerkirche]

1990

»Räume in Bewegung«

von Zawinul bis Helnwein,

vom Donauraum

zur Multikultur –

eine Reise von innen nach

außen nach innen.

Theater – mobil

»Die Poesie ist unentbehrlich – wenn ich nur wüsste, wozu«, hat Jean Cocteau einmal gesagt. Der Satz könnte in Leuchtschrift in den niederösterreichischen Himmel des Jahres 1988 geschrieben worden sein, als ich gemeinsam mit Vintila Ivanceanu den Auftrag bekam, ein Theaterfestival zu entwickeln. Ich fuhr durch Niederösterreich zur Fact-Finding-Mission und ich entdeckte Krems. Wir schlugen im Stadtpark unsere Zelte auf. Ich spürte die Unentbehrlichkeit der Poesie in dieser mittelalterlichen Stadt an jedem Platz – der große Strom am Eingang zur Wachau hat dort eine ganz spezifische Rolle, Klima und Licht geben einen sprachlich schwer fassbaren Hintergrund für Spektakel aller Art. Poesie lag und liegt in der Kremser Luft. Das Wozu mussten wir uns erst selbst erarbeiten.

Vintila und ich bauten unter dem Motto »Gegen den Strom« zusammen mit dem Architekten Eduard Neversal ein Konzept auf, das weit über die Region ausstrahlen sollte: Das Wachauer Theaterfestival war der neuesten Theater- und Tanztheaterarbeit gewidmet. Neben der Präsentation wegweisender Gastspiele aus Ost und West wurde vor allem die Performance-Idee weiterentwickelt und junge österreichische Autoren und Gruppen miteinbezogen. Amateur-, Jugend- sowie neues Volkstheater, Kabarett, Spektakel und Musikereignisse erweiterten das Spektrum. Wir grenzten uns bewusst vom herkömmlichen Bildungstheater und vom etablierten Festspielbetrieb auch durch Risiko ab. Daher waren – neben bekannten Namen – vor allem Inhalte und Experimente, aber auch Spaß und Entdeckungsfreude für neue Spielräume und ungewöhnliche Theaterformen bestimmend.

Die Donau als länderverbindender Strom wurde zum passenden Motiv für die Begegnung zwischen Künstlern aus Ost und West. Sie zeigten – auf Grund der mangelnden Theaterinfrastruktur – ihre sehr unterschiedlichen Theaterarbeiten in ungewöhnlichen Spielstätten wie Zelten, leeren Fabrikshallen, Kirchen, dem Schwurgerichtssaal eines Kreisgerichtes, auf Märkten, in Schulen, Pavillons und Scheunen.

Was wir damals noch nicht wussten: Damit hatten wir den Grundstein für erfolgreiche zehn Jahre Donaufestival gelegt.

Denn das Konzept der Verantwortlichen, aus ganz Niederösterreich eine Bühne zu machen, konnte nicht weiterverfolgt werden. 1988 wurde der Niederösterreich-Gesellschaft für Kunst und Kultur, der die Organisation des Festivals oblag, ein zu großer verwaltungstechnischer Aufwand aufgebürdet, wodurch der finanzielle Bedarf zu unübersichtlich wurde. Eugen Scherer und Heide Cejnek, damals Leiter der Gesellschaft, blieben mit ihren Erfahrungen immer wertvolle Ansprechpartner für das Donaufestival.

Vermutlich war es dann doch die Poesie, die in Niederösterreich als unentbehrlich empfunden wurde, und mir 1990 den Auftrag für die Konzepterstellung eines künftigen Donaufestivals und schließlich die Intendanz einbrachte.

Der Neue

Der wichtigste Gedanke, der dem Entwurf für ein neues Festival zugrunde lag, war, das Selbstbewusstsein des ländlichen Kulturraumes zu stärken. Stadt- und Landbilder sollten aufeinander prallen, Unruhe und Irritation im Land unter der Enns entstehen und mit den bereits bestehenden Institutionen und den einzelnen Städten gemeinsame Ideen realisiert werden. Dass ich über die Ministerien auch zum Kampf um die Geldtöpfe des Bundes werde antreten müssen, war mir klar. Wollten mir die niederösterreichischen Landespolitiker glauben, dass hier ein künstlerisch-kulturell ernst zu nehmender Gegenpol zu Wien entstehen konnte? Doch bald schon verlängerten die Wiener Festwochen ihr Programm weit in den Juni hinein, um die Publikumsströme aus Niederösterreich abzulenken.

Ich wollte ein einzigartiges Festival in der internationalen Festivalslandschaft für Niederösterreich entwickeln und richtete mein Konzept danach aus. Über Desinteresse konnte ich mich nicht beklagen: Die Medien warteten ebenso gespannt wie Kollegen,

KlangSucht
Hainbur
Les Ballets Africains
Silo -
The Path of Life
TANZ AM SEIL
NATIVE FESTIVAL
12. bis 16. Mai 99
HELNWEIN
13.6.-31.8.99
Dominikanerkirche Krems
APOKALYPSE
METAMORphosEN
ZEIT DER ENTDECKUNGEN
donau festival
niederösterreich
KREMS
ST. PÖLTEN
WEISSENKIRCHEN
Samuel Beckett
Warten auf Godot
Regie:
Michael Sturminger
Persönlicher Auftritt
Ostbahn Kurti
und die
Chefpartie
FESTIVAL Niederösterreich
Festival-Schiff
Tulln
20.Juni 92
Freiraum
DONAU FESTIVAL Niederösterreich
Jandln 17.6.
Gallahahn 18.6.
Dreck 19.6.
Mark und Pein 21.6.
27.7.
23.6.
Im Fluß der
donau festival niederösterreich 99
präsentiert erstmals in Österreich:
Marilyn Montreuil
Jérôme Savary
und Diane Tell
Theaterhaus am Trabrennplatz St. Pölten
7.-11. Juli 92
20 Uhr
DONAU FESTIVAL Niederösterreich
Bill T.
Still/Here
Tanztheater
Theaterhaus in der Sporthalle
Die großen Prophezeiungen
DONAU
JuniTanz
St. Pölten
Phoenix Dance C
Artus
Ikarus Tanzthe

1990

Branche und Politik, ob es zu neuerlichen Problemen kommen würde wie zwei Jahre zuvor.

Ich wurde in meiner neuen Funktion abwartend bis freundlich kommentiert, Euphorie kam noch keine auf. Die kommt aber in Österreich ohne Lobbys überhaupt selten auf. Ich entschloss mich daher, uns selbst zu inszenieren – das bedeutet: Ohne Über-Marketing hilft die beste Idee wenig. Die Kunst, Kultur zu verkaufen, ist schwer erlernbar, außer man setzt auf das Wichtigste: die Künstler und das Publikum – und vergisst den Rest. All dies konnte ich nicht allein bewerkstelligen. Die Krauliz-Sippe lebte als Großstadtderivat zeitweise in einem »Oanschichthaus« in Motten bei Heidenreichstein ganz im Norden des Waldviertels nahe der tschechischen Grenze – mitten im Granitmassiv mit seinen inspirierenden Stimmungen und Energien. Hier entstand nach meinem Abgang vom Metropol (nach einer zehnjährigen Direktion) im Sommer 1990 zwischen langen Spaziergängen und Gesprächen mit Freunden und künftigen Mitarbeitern das Konzept für ein mehrspartiges, genreübergreifendes Großfestival. Unser Konzept sah ein Landesfestival vor, das jährlich im Juni und Juli an der Donau in mehreren Städten und den schönsten Landschaftsgebieten

Das mobile Donaufestival-Theaterhaus von Neversal, Krauliz und Windberger.

Visionen und Utopien im Kremser Hafen.

stattfinden sollte – ein Bindeglied zwischen niederösterreichischer und internationaler Kultur, ein mitteleuropäisches Festival, das den Donauraum und die Weltkultur einfängt, gestaltet, Kulturaustausch und Experiment in den Vordergrund stellt.

Wir schlugen gleich los und warteten nicht zwei Jahre mit dem Auftritt. Das brachte den Überraschungseffekt – wir wurden gleich ernst genommen. So manche der Weggefährtinnen wie Christiane Huemer, Ingrid Chladek sind mitgekommen, Beate Scholz und Sonja Lackner stießen zum Team. Wenn ich an die damalige Situation denke: Wir arbeiteten in Wien zunächst in meiner Wohnung, bis ein eigenes Büro im Budgetplan vorgesehen wurde. Job oder Berufung oder beides? – diese Frage stellte ich mir immer wieder und akzeptierte so den Achtzig-Stunden-Aufwand pro Woche und die Reisen zwischen den Städten, dem Ausland und dem Waldviertel.

Sonja legte mir einen roten Koffer an, in dem ich alles am Wochenende mitschleppte, was in Ruhe zu lesen war. Denn wir wurden mit Post eingedeckt: von hoffnungsfrohen Künstlern, ausstattenden Firmen, offiziellen Stellen, lästigen Personalvertretungen und notorischen Querulanten.

TITANICK, INSEKT' KRAULIZ-NEVERSAL

Stadt- und Landbilder sollten aufeinander prallen, Unruhe und Irritation im Land unter der Enns entstehen.

Das Festival 1991 nahm Gestalt an, es sollte aber Vorbote für das größere Festival 1992 sein – so arbeiteten wir zwei Jahre im Voraus gleichzeitig an zwei Festivals. Und ich hatte mein Konzept so ausgelegt, dass ein Festival wie das Donaufestival eine gewisse Opulenz, Mächtigkeit und Präsenz braucht. Immerhin sollte es im Land der Kuenringer, im Kernland Österreichs entstehen. Bescheidene Minifestivals in schlecht beworbenen Bühnen sollten mit einem »Donaufestival« nichts gemein haben.

Dass ich diesen ländlichen Raum so dringend brauchen würde wie einen Bissen geistiger Nahrung, hätte ich mir nicht gedacht. Vor Jahren saß ich fest in der Urbankultur verankert, mit der Pop-Kabarettgruppe »Misthaufen«, dem Wiener »Metropol«, den Wiener Festwochen und Festivals wie »Festival der Clowns«, »Zeit der Puppen«, »Tabu-Theaterfestival«. Dass ich immer den Kulturaustausch mit den angrenzenden Ostländern einerseits und Deutschland, Frankreich, Holland andererseits seit Jahren gepflegt hatte, war mir für das Konzept zum neuen Donaufestival zugute gekommen. Viele Kontakte, Freundschaften, Netzwerke sind so entstanden. Und große Pläne für Bewegungsfestivals. Avant Niederösterreich! Das Land mit einem starken ORF-Studio, einer starken Landespolitik, die aber auf Subsidiarität, kulturelle Mitgestaltung und Frischwind setzte – auch ein klares Bekenntnis zu zeitgenössischem Kultur-Nachholbedarf. Wobei das künstlerische Fernziel verwaltungstechnisch überdacht werden musste. Eine Gesellschaft mit beschränkter Haftung und den entsprechenden Geschäftsführern wurde gegründet. Ich übernahm die künstlerisch-organisatorische Aufgabe als Intendant, kaufmännischer Geschäftsführer wurde Stefan Nistler. Dem Festival wurden von Landeshauptmann Siegfried Ludwig (dem Vater des Donaufestivals) sowie Landesrat Liese Prokop Autonomie und Unabhängigkeit von Tagespolitik und auch der Kulturabteilung des Landes zugesagt. Alles war also offen. Ich beschloss, es nicht allen recht zu tun, sondern einfach den Gedanken und meinen Erfahrungen freien Lauf zu lassen.

Besonders Letztere kamen mir zugute und ich freute mich über den steten Gedankenaustausch mit Michael Stolhofer von der »szene salzburg«, mit Michael Prónay von »dietheater Wien«, mit Norbert Ehrlich von der »Szene Wien«, mit Christian Strasser vom »Posthof Linz« und meinen Veranstalterfreunden und Partnern im Ausland von Deutschland bis Johannesburg. Es zählten auch die Gespräche mit Fachjournalisten, die oft Anreize und gedankliche Hilfestellung gaben. Ein wichtiger Gesprächspartner war auch das Kulturmagazin »morgen«, und Rundfunkintendanten und einige Politiker konnten wir zu den engagierten Freunden der Kulturidee zählen. Starke Präsidenten des Donaufestivals wie Viktor Wallner und Otto Bernau sicherten die künstlerische Freiheit und die Finanzierung des Vorhabens. Wichtig war bei der Umsetzung auch das Engagement der Bürgermeister der beteiligten Festivalsstädte wie Erich Grabner und Franz Hölzl in Krems sowie der Kremser Kulturstadträtin Evelyn Kitzwögerer, von Willi Gruber in St. Pölten, August Breininger in Baden, Willi Stift in Tulln.

Aber auch ohne die Landeshauptleute Siegfried Ludwig und später Erwin Pröll hätte ich nicht so viel Raum gehabt, um meine Projekte durchgehend umsetzen zu können.

Am Anfang war der Raum

Jedes ernst zu nehmende Festival hat ein unverwechselbares Profil, das sich in Österreich meist aus historischem Wachstum entwickelt. Neue Festivals haben es daher schwer, noch zu Lebzeiten ernst genommen zu werden. Zum Konzept eines neuen Donaufestivals gehörte vor allem die Überlegung, dass ein Landesfestival nach dem spannenden Niederösterreich suchen muss, will es die Reise in die Zukunft überleben. Es muss sich mit den Räumen, der Landschaft, den Menschen beschäftigen.

Wir fanden kaum adäquate Spielstätten zur Umsetzung des Festivalkonzeptes, das für ein Land mit unterschiedlichsten Landschaften und Mentalitäten, geprägt von einer bewegten Seele – dem dominierenden Strom –, gemacht wurde. Der zu schaffende, zu füllende und zu inszenierende Raum wurde also zu einer wichtigen Aufgabenstellung. Der Reiz lag schließlich in der Nutzung von außergewöhnlichen Spielstätten. Sie durch Inhalte und neue Spielformen aus dem Musik-, Theater- und Tanzbereich zu konterkarieren. Und sicher wollten wir keine weiteren Sommertheaterangebote schaffen. Wir griffen auf mobile Spielstätten zurück, die uns von alters her überliefert sind, wie: Theaterkarren, Zirkuszelte und temporäre Staggione-Bühnen, fanden damit aber nicht das Auslangen. Das zeitgenössische Theater forderte seinen zeitgenössischen Raum.

Die Beschäftigung mit mobiler Architektur war immer zentrales Thema der Arbeiten von Eduard Neversal, der schon 1988 mit uns gemeinsam das Wachauer Theaterfestival konzipierte. 1991 konnte der erste Prototyp des »Mobilen Theaters« für das erste Donaufestival in Krems errichtet werden. Im Sommer 1992 verbesserten wir das Konzept des »Mobilen Theaters«. Als Beweis der praktikablen Mobilität wurde das Haus binnen einer Woche von Krems nach St. Pölten transferiert und präsentierte sich dort mit dem gehobenen Standard, den Jérôme Savary zur Präsentation seiner »Marilyn Montreuil« von dieser Spielstätte erwartet hatte.

Denn die wahre Sensation der Architektur des 20. Jahrhunderts ist die Möglichkeit des mobilen, des veränderten Raumes. Dabei ist der Raum nicht mehr unbedingt Selbstzweck und Hülle für gewisse Nutzungsmöglichkeiten, sondern wird im Fall des Theaterhauses Teil eines Gesamtkunstwerkes, bestehend aus Inhalt und Form, das heißt Umsetzung. Das Haus gehört zum Bühnenbild, ist das Bühnenbild selbst. Es transportiert die Inhalte nach außen. Und ist nicht mehr ortsgebunden, Regisseur und Bühnenbildner suchen den idealen Standort für das Spiel aus.

Dazu Neversal: »Die Konstruktion des Theaterobjektes ist als Baukasten konzipiert, das heißt, es besteht aus kleinen, unterschiedlich zusammensetzbaren Metallmodulen, wobei Regen- und Klimaschutz durch Paneele oder Zeltplanen gegeben ist. Der Fundus des Objektes wächst durch jede Inszenierung. Neue Teile werden dazugekauft und ermöglichen immer mehr Spielvarianten des Grundkonzeptes.«

Licht- und Tontechnik wurden von Fremdfirmen angemietet, da Service, Lagerung und technischer Aktualitätsstand nicht anders wirtschaftlich zu erzielen waren. Schließlich wollte das Theaterhaus selbst Kunstobjekt sein. Ob Guckkastenbühne, ob Arenabühne, ob Theater ohne Bühne, ob Mitmachtheater, ob großer oder kleiner Fassungsraum, ob auf der grünen Wiese oder im städtischen Gebiet – das Theaterhaus mutierte und passte sich allen Gegebenheiten an. Es sollte Autoren und bildende Künstler inspirieren, neue Formen von Theater zu erfinden, neue Stücke ohne technische Zwänge zu erfassen.

Für mich entwickelte sich dabei aus der ständigen Beschäftigung mit Raum und Aktion unser großes Thema »Räume in Bewegung«. Es spiegelte die großen politischen und kulturellen Veränderungen dieses Jahrzehntes wider. Und die Verbindung von Festivalsräumen und -städten mit fliegenden Bauten und Schiffen sollte zum Markenzeichen des Festivals werden. Schließlich lebt Kultur von Veränderung, vom im-Fluss-Halten. Eine Festivalsphilosophie, die uns auch zu Aktionen über die darstellende Kunst hinaus inspirierte: Projekte der bildenden Kunst wie »Kultur am Holzweg«, große Ausstellungen mit Inge Morath, Gottfried Helnwein, Alfred Kubin, den »Wildinnen« und »Materialbewegungen« standen im Zentrum der Präsentation von bildender Kunst. Die jahrelange Nutzung der Dominikanerkirche als fantastischer Ausstellungsort wurde zum Fixpunkt des Programms.

Das Festival legte aber auch optische und aktionistische Pfade durch Krems. Und tat immer wieder neue Räume auf wie solche in neu entdeckten Industrieanlagen. Unsere Kulturkarawansereien im Land selbst waren Klöster, Burgen, Wirtshäuser und Bühnen in oft sehr entlegenen Gegenden. Dort veranstalteten wir unsere »Off-Line« während des Jahres. Prinzipiell galt der Slogan: »Räume tun sich auf«.

Die wahre Sensation der Architektur des 20. Jahrhunderts ist die Möglichkeit des mobilen, des veränderten Raumes.

Räume
i n B e w e

1991

Das Donaufestival startet sein neues Konzept: »Räume in Bewegung«.
Theater, Tanz, Musik aus der heutigen europäischen Szene,
Gastspiele aus New York und Südafrika, dem Donauraum.
Ost-West-Kulturtransfer, neue Theaterbauten und Bühnen.

[Merce Cunningham mit seiner Dance Company
im Theaterhaus in Krems.]

g u n g

1991

Räume in Bewegung

Wenn sich auch 1988 eine ganz gewisse politische Stimmung in (Mittel-) Europa breit gemacht hatte, mit den Ereignissen, die im Jahr darauf nach dem Besuch Gorbatschows in der DDR ins Rollen kamen, hatte niemand in diesem atemberaubend schnellen Tempo gerechnet. Am wenigsten die Sowjetunion. Als DDR-Bürger massenhaft über Österreichs Grüne Grenze in den Westen flohen, wurde über Nacht deutlich, dass der Eiserne Vorhang zu existieren aufgehört hatte. Die danach in kurzen Abständen vollzogenen »Samtenen Revolutionen« in Österreichs Nachbarstaaten riefen auch hier zu Lande eine seit 1955 nicht mehr gekannte Euphorie hervor: Man entsann sich der bis dahin tiefgekühlten Beziehungen zu seinen böhmischen, mährischen, slowakischen und ungarischen Nachbarn bis zu dem Zeitpunkt, als klar wurde, dass der Umbau vom Totalitarismus zur neuen Demokratie keinesfalls so schnell durchzuführen sein wird wie erhofft – wie es eben so geht, wenn Revolutionen die geistige Welt verändern und die wirtschaftliche hinterherhinkt. »Es kann dem Westen nicht gleichgültig sein«, meinte der neu gewählte tschechische Präsident Václav Havel, »was sich in den Ländern abspielt, die endlich das totalitäre System losgeworden sind.« Denn schon ein knappes Jahr nach der Grenzöffnung hatte Havel das Gefühl, allein gelassen worden zu sein. Und eins darf nicht vergessen werden: Die Sowjetunion sollte damals noch gute drei Jahre bestehen. Keiner der ehemaligen Satellitenstaaten konnte auf die Entwicklungen weiter im Osten sehen, ohne voll der Sorge auf die Zukunft des eigenen Landes und seiner Stellung in Europa zu blicken. Eine spannende Zeit.

Josef Nadj: »Comedia Tempio« – Illusionstheater im Kampf um die Zeit.

Das, was wir als Kulturschaffende und -vermittler zur Absicherung der jungen Pflanzen im Garten Europas tun konnten, war, zur Normalisierung der nachbarschaftlichen Beziehungen beizutragen. Und gerade ein junges Festival hatte die Möglichkeit, neue Wege zu gehen. Es konnte heimische und ausländische Künstler gleichrangig präsentieren, kulturelle Zusammenhänge zwischen Ländern und Regionen herstellen, mit ausgewählten Spitzenkünstlern sein Programm in den Mittelpunkt der europäischen Veranstaltungsszene rücken und bei seinen internationalen Partnern punkten: Merce Cunningham – einer der gefragtesten Choreografen unserer Zeit – trat beim Donaufestival ebenso auf wie der in Paris lebende Josef Nadj, Hinderik de Groot aus Amsterdam und das Kantona József Theater aus Budapest. Sie zeigten heutiges Bilder- und Tanztheater. Eine Pariser Festivalsleiterin meinte bewundernd: »So stelle ich mir ein spannendes Festival vor.«

Im ältesten Teil der Stadt Krems, am Hohen Markt gegenüber dem Palazzo des sagenumwobenen Stadtrichters Gozzo, hatten wir für drei Wochen unser Quartier aufgeschlagen und unser Büro am Körnermarkt in Räumen des ehemaligen Dominikanerklosters eingerichtet. Als zeitgenössisches Festival wollten wir uns verstärkt mit internationalen Experimenten im Musik-, Theater- und Tanzbereich beschäftigen und auf Spurensuche in den Donauraum gehen. Der Start fürs Neue schien gelungen: Das Theaterhaus (Entwurf und Konstruktion von Neversal/Krauliz/ Windberger) ragte als neuzeitliche Kaaba am Brauhofplatz in Krems vor dem Stadttor in den Himmel und verband das Gelände im oberen Stadtpark mit Varieté/Theater/Zirkuszelt. Eine kleine Festivalsstadt mit Wohnwägen, Beiseln und Wiesengelände war im »Weichbild« der Stadt entstanden und für die nächsten elf Jahre nicht mehr wegzudenken. Ein visualisierter Ausbruch heutiger Kulturaussage: Kultur für alle. Keine Schwellenangst, bei uns sind alle willkommen. Wachstum Kultur zählt.

Das erste Programm

Schon für das erste große Festival erdachten wir uns einen opulenten Eröffnungstag, um sofort deutliche Akzente zu setzen: Hier wird nicht gekleckert, sondern geklotzt. Merce Cunningham eröffnete das Festival: Standing Ovations. Denn der Ahnvater des modernen Tanzes hatte gerade noch einen Termin fürs Donaufestival auf seiner Europatournee frei. Da hatte das Netz-

1991

werk funktioniert: Freunde in Paris haben uns von seiner Tournee in Kenntnis gesetzt, und wir schlugen zu. Er schrieb mir eine schöne Widmung in sein Buch. Cunningham – Schüler der legendären Martha Graham – präsentierte zur Musik von John Cage zwei völlig unterschiedliche Tanzevents, die in ihren Abläufen immer Platz für Improvisation hatten. Er selbst – 75-jährig und arthritisgezeichnet – trat an beiden Abenden jeweils für eine Viertelstunde auf. Die Presse lag flach – ein besserer Start hätte uns gar nicht gelingen können, noch dazu präsentierte anschließend im Varietézelt der Rock-Zirkus Gosh aus Berlin ein völlig neues und großartiges Zirkuskunstkonzept mit künftigen Stars wie Marcus Jeroch, Schlangenfrauen, intellektuellen Straßenclowns und großartigem Nonsens zu dröhnender Popmusik – der Himmel in Krems hing voller Gitarren und bewegter Körper. Und wir sanken zufrieden in den Schlaf.

Und weitere spannende Projekte wurden in Auftrag gegeben: Der St. Pöltner Startrompeter Josef Mantler, Weggefährte von Carla Bley, kehrte für ein Projekt heim nach Niederösterreich und verwirklichte in den an sich schaurigen St. Pöltner Stadtsälen das Jazz-Rock-Sinfonic-Projekt »Many have no speech« mit

Timna Brauer, Jack Bruce, Rick Fenn, Linda Sharrock, dem Wolfgang Puschnig-Ensemble. Das Niederösterreichische Tonkünstler-Orchester unter Michael Gibbs spielte vertonte Texte von Samuel Beckett, Ernst Meister und Philippe Soupault. Der Abend wurde zum musikalischen und gesellschaftlichen Erfolg, obwohl einem Orchestermusiker die Noten abhanden kamen und ein zweiter leise erbrechend das Podium vorzeitig verließ. In Bewegung also auch die Niederösterreichischen Tonkünstler. Durch dieses Konzert wurden die Räume zwischen Jazz-Rock und E-Musik einander näher gebracht – bewegt.

»Schlabarett« bringt beim Donaufestival die Produktion »Muttertag« heraus.

»Bunter Abend« mit Starkabarettist Josef Hader.

1991

Sprung nach Krems: Der Stadtpark entwickelte sich zum Fokus des Festivals: Zirkuszelt und das neue Theaterhaus standen am Parkeingang vor dem Stadttor. Dem mittelalterlichen Krems wurde avantgardistische Alternativkost als Aphrodisiakum zu gemütlichen Mahlzeiten und Weinkosten verschrieben. In die Keller rieselte die Botschaft von den großen Theatermagiern, Choreografen und Zirkusmenschen, die sich nach Krems verirrt hatten.

So kann man eine Stadt verändern – und sie sich erinnern lassen an große Geister, die sich hier betätigten, wie Oskar Werner oder Alexander Girardi. Man erinnerte sich an alte Theatertraditionen und Bräuche wie Frühlingsfeste. Die Landstraße wurde zur Galerie für Festivalsplakate und Fotoauslage für Künstler. Eine Stadt begann mitzuspielen. Den Wirten war es eine Freude, im Stadtpark auszuschenken.

Wenn sich die Künstler und Gäste aus Ungarn, Tschechien, der Slowakei, Holland, Frankreich und Deutschland die Klinke in den Herbergen in die Hand gaben und allabendlich im Stadtpark nach den Vorstellungen diskutiert, gelacht, angebandelt wurde, war ein kleiner großer Kosmos der Kultur quer durch Zeit, Stil und Geschmack entstanden. Durchaus poli-

Die reine Bewegung,

die Loslösung des Tanzes

von der Musik,

die Verbindung von

Bewegung mit Raum und Zeit

machten Cunningham

zum revolutionären Neuerer

des zeitgenössischen Tanzes.

tisch: Österreich ist ein Kulturland und das neue Europa mag Kultur. Alles war damals noch sehr frisch und ausbaufähig, auch die vorhandene Infrastruktur: Man ärgerte sich gemeinsam, dass es wenig Übernachtungsmöglichkeiten in Krems und keine Zugverbindungen Richtung Wien nach Ende der Vorstellungen gab. Aber daran hat sich ja bis heute nichts geändert.

In den kurzen Wochen des Festivals ergossen sich Bilderfluten, Musikerlebnisse, Varieté und Kleinkunst über die Besucher. Ballett, Tanz, Musical, körperbetontes Sprechtheater, zeitgenössische Kunst – ein Programm, das in seiner Vielfalt mit außergewöhnlichen Projekten aus ganz Europa punkten konnte. Wie der Auftritt der tschechischen Multiartistin Iva Bittová bewies: Geigerin, Sängerin, Cellistin, die heiße Rhythmen zwischen jazziger Folklore und innovativer Klangsprache anbot.

Timna Brauers Jazzperformance mit Eli Meiri »Mozart anders« wurde zum ungewöhnlichen und heftig akklamierten Beitrag zum Mozart-Jahr. Die fantasievolle Version der »Zauberflöte« zeigte eine neue Facette der Künstlerin. Auch das zeitgenössische Musikensemble der »Camerata Transsylvanica« unter der Leitung von György Szelmeczi darf nicht unerwähnt

Timna Brauer in

»Many have no speech« und

»Mozart anders«.

»Sandpit« Studio Hinderik –

eigenwilliges Tanztheater

voll sinnlicher Bilder.

RÄUME IN BEWEGUNG
Compagnie
JOSEF NADJ
Comedia Tempio
28.6.
29.6.
19.30 Uhr
WACHAUER
THEATER
FESTIVAL
KREMS
14.6.-3.7.'91
THEATERHAUS
BRAUHOFGELÄNDE KREMS
DONAU
FESTIVAL
NIEDERÖSTERREICH
INFO + KARTENBESTELLUNG 02732/71411

bleiben, das Stücke von Strawinski und anderen Zeitgenossen spielte, zu denen Tänzer des Budapester Mondtheaters frei improvisierten.

Von Anfang an gehörte die Begegnung mit der Kultur anderer Kontinente zur klassischen Programmerweiterung des Donaufestivals: 1991 präsentierten die Musiker und Tänzer des Musikensembles Sikulu aus Johannesburg / Südafrika ihre Rhythmen und Traditionals, aber auch Dancefloor und eine geballte Ladung Power. Sie waren die großen Stars im Theaterhaus und rissen drei Tage lang das Publikum mit. Der Glaube an ein neues Afrika, des Miteinanders von Schwarz und Weiß ergriff trotz aller Klischees. Die Gruppe fuhr anschließend nach London, wo sie in einem Theater sieben Wochen lang gastierte. Krems war für das Ensemble Premiere und Start ihrer Europatournee, in der Fachwelt eine Auszeichnung.

Ein besonderer Abend war jener des Tanztheaters Danat Danza aus Barcelona. Nicht nur, weil ein Blitz irgendwo einschlug, infolgedessen die Stromversorgung zusammenbrach und erst nach 20 Minuten weitergespielt werden konnte, sondern weil das spanische Temperament der Tänzer in Verbindung mit einer Bildenden Kunst Tanz Sprache einen außergewöhnlichen Eindruck hinterließ. »Spanische Eleganz, südeuropäisches Flair, beherrschte männliche Kraft und starke sinnliche Frauen in einem temperamentvollen Tanzprojekt« – schwärmte unsere literarisch ambitionierte Marketingleiterin und Pressebetreuerin Christiane Huemer von der jungen katalanischen Tanztheatergruppe um die Choreografen und Tänzer Alfonso Ordonez und Sabine Dahrendorf.

Großartig auch das Jugendballett der Staatsoper Kiew, das »Mogli – Das Dschungelbuch« aufführte. Die Vorstellung wurde von Kindern und Eltern gestürmt. Manche der jungen Tänzer wären gerne geblieben – allein der Bus fuhr knapp nach Mitternacht zurück nach Kiew. Traurige Augen, die den goldenen Westen verlassen mussten, bleiben mir in Erinnerung.

Ein eigenwilliges Tanztheater voller sinnlicher Bilder war die Produktion »Sandpit« des Studios Hinderik aus den Niederlanden: Sand, der die Augen verschließt, Sand als Zeitmesser, in der Sandkiste, am Strand, Sand als Bedrohung. So spielerisch das Performance-Ensemble aus Amsterdam mit dem symbolträchtigen Material umging, so behutsam stellte es das eigentliche Thema dar: Die Liebe. Das Bild der Nackten im riesigen Weitling wurde zum Kultsymbol des Festivals 1991.

Illusionstheater – ein Schlagwort, mit dem bis dahin nicht jeder Kulturinteressierte etwas anzufangen wusste. Spätestens nach dem Besuch von »Comedia Tempio« der Compagnie Josef Nadj war es im Bewusstsein des Publikums verankert: Josef Nadj arbeitet mit seiner Tanzsprache in einem Bereich, der weder eindeutig dem Tanz noch dem Theater zuzuordnen ist. Seine Tänzer agieren in einem Raum, der als Bühnenbild selbst ständig in Bewegung bleibt. Von der Choreografie des Josef Nadj bezog ich das Festivalsmotto »Räume in Bewegung«. Die Inszenierung »Comedia Tempio« thematisierte den Kampf gegen die Zeit, den Wunsch, alles und das Gegenteil von allem leben zu können. Mit mythologischer Poesie nähert sich die Tanzcompagnie der Dichterseele. Schönheit und Grausamkeit wechseln wie Licht und Schatten.

Die Begegnung mit der Kultur anderer Kontinente diente der Programmerweiterung.

Die Vielfalt der Theaterkunst verkörperten aber auch zahlreiche Ensembles aus Ost und West: das Kantona József Theater aus Budapest mit einem eigenwilligen »König Ubu« von Alfred Jarry in einer für dieses Theater typischen Bildersprache und Inszenierung, mit der in Österreich nur Erwin Piplits mithalten kann. Entlarvende Studie über Macht und Größenwahn.

Die Companie »Bread & Puppet« aus New York zeigte »Columbus – oder die neue Weltordnung«. Das Ensemble war damals schon in die Jahre gekommen und nicht so faszinierend wie früher. Sehr berührend hingegen das Jiddische Theater aus Bukarest – das älteste noch existierende der Welt mit seinen »Liedern vom Goldenen Pfau«. Hochaktuell die Vermittlung durch die deutsche Schauspielerin Barbara Nüsse in »Deserteur du malheur« auf den Spuren von Boris Vian: Wandlungskunst eines Allround-Talents.

1991

Wir hatten das Gefühl, als würde durch uns die Donau fließen.

Ganz anders das Münchner Volkstheater rund um Ruth Drexel, das mit einem »Karl Valentin-Abend« gastierte, der authentischer nicht hätte sein können.

Das erste Programm verband exemplarisch Tanzkunst, in Szene gesetzte Avantgarde und heutigen künstlerischen Ausdruck unserer östlichen Nachbarn mit bayrischer und österreichischer Kleinkunst. Ein Blitzlichtgewitter an Bildern, Eindrücken und Standpunkten. Ein starkes österreichisches Schauspieler- und Kabarettisten-Aufgebot hatte sich der »Großen Welt der kleinen Kunst« beim Festival verschrieben: Erwin Steinhauer ließ den Herrn Karl auferstehen, Josef Hader gab einen großartigen »Bunten Abend«.

Den Damen und Herren der Gruppe Schlabarett gelang mit »Muttertag« der große Wurf: Es war ein Auftragswerk des Donaufestivals in Koproduktion mit der Bühne im Hof St. Pölten. Aus dem Bühnenstück – bei der Uraufführung verließen einige Zuschauer aus Protest das Zelt – sollte in der Folge der Kultfilm gleichen Namens werden.

Alexander Bisenz mokierte sich über »Gfrasta«, Erich Schleyer arbeitete für Kinder, Clowns kamen aus Taschkent und Leningrad und der Magische Club Krems zauberte das Festival ins nächste Jahr.

Am 3. Juli stieg das Abschlussfest im Kremser Stadtpark. Wehmütig verließen wir die alte Stadt: Wir hatten den Umsatz gehoben, eine gute Festivalsbilanz in der Tasche und bereiteten schon 1992 vor. Ich fuhr gleich weiter nach Avignon und Barcelona.

Wir kamen kaum zum Verdauen und Analysieren des Festivals. Aber es zeigte Früchte: Wir bekamen viel Post von Publikum und Künstlern aus ganz Europa. Unser Theaterhaus hatte so eingeschlagen, dass ein größerer Bruder davon von der Bühnenfirma Klik gebaut wurde und heute in Potsdam steht.

»Der Rand des Zusammenbruchs, das war schon immer der dem Theater gebührende Platz.« Das sagte einer, der es wissen musste: Fritz Kortner. Wir sind am Ende dieser knappen vier Wochen oft am Rand des Zusammenbruchs gestanden, doch der Start des neuen Donaufestivals war für uns Freude, Metapher und Vision zugleich. Mit zahlreichen Zusammenbrüchen und Auferstehungen wie Phönix aus der Asche. Motivation, mentales Training, Entschleunigung und Kommunikation passierten durch schöne Kulturerlebnisse, verbindende Räume und Aktionen sowie durch Menschen, die ohne negative Energie für andere da waren und ihre Sinne ausleben durften. Hohe Gäste blieben länger als geplant unter den Bäumen im Stadtpark sitzen, plauderten angeregt mit uns Kulturvermittlern, aber auch mit den Künstlern, die oft viele Anregungen für die Programmgestaltung des nächsten Festivals gaben.

Der Pavillon im Kremser Stadtpark wurde zum Kommunikationszentrum nach Vorstellungsschluss. Dort saß ich mit Josef Hader eine ganze Nacht und wir philosophierten. Erhard Busek kam gerade von Václav Havel aus Prag und rastete bei uns ebenso wie Liese Prokop und Erwin Pröll.

Obwohl während der Dauer des Festivals 31 Ensembles an uns vorbeizogen und wir im Schnitt höchstens vier Stunden pro Nacht schliefen (die Gäste aus Ost und West mussten schließlich auch betreut werden), hätte diese gemeinsame Reise durch Kulturräume ewig weitergehen können. Wir hatten das Gefühl, als würde durch uns die Donau fließen. Am Abend saßen wir am Ufer bei den Schiffen und blickten aufs thronende Göttweig, hinauf in die Wachau oder die Donau hinunter. Von Anfang an hatten wir eine Auslastung von fast 70 Prozent, eine mittlere Sensation für ein neues Avantgarde-Festival. Unsere Sponsoren verkauften die Festival-Tickets mit – wie die Raiffeisen Landesbank Wien–Niederösterreich in ihren Filialen im ganzen Land. Sehr groß auch das Engagement der Landesbank–Hypothekenbank Niederösterreich und der Niederösterreichischen Versicherung, die uns finanziell, organisatorisch und im Marketing durch zehn Jahre begleiteten.

Zum Delta müsste man reisen – mit einem Frachter. Eine Exkursion als Abschluss des Festivals – davon träumte ich. Würde ein solches Vorhaben jemals zu verwirklichen sein?

Im Tanztheater

»Comedia Tempio«

vermischt Josef Nadj

Schönheit und Grausamkeit,

Licht und Schatten.

Räume

in Bewe

Michael Mantler	Many have no speech	**04. 06.**
Merce Cunningham Dance Company	Wachauer Theaterfestival Event No 1 & 2	**14. 06.**
Gosh	Rockzirkus aus Berlin	**14. 06.**
Trittbrettl	Pinocchio und der goldene Schlüssel	**16. 06.**
Danat Danza	El Cielo esta enladrillado	**16. 06.**
Timna Brauer	Mozart anders	**16. 06.**
Erwin Steinhauer	Der Herr Karl	**17. 06.**
Kantona József Theater	König Ubu	**18. 06.**
Bread & Puppet	Columbus – The New World Order	**19. 06.**
Lina do Carmo	Body Images	**19. 06.**
Kecskés & Méhes	Pantomix	**20. 06.**
Iva Bittová	Jazz-Gipsy-Classical	**21. 06.**
Astrid Bayer	Transdanubia	**21. 06.**
Ballett der Staatsoper Kiew	Mogli – Das Dschungelbuch	**22. 06.**
Joachim Palden & Dana Gillespie	Boogie & Blues	**22. 06.**
Ensemble AKI	Nilgeschichten	**23. 06.**

1 9 9 1

Programm

g u n g

Barbara Nüsse	Deserteur du malheur	23. 06.
Münchner Volkstheater	Karl Valentin-Abend	24. 06.
Studio Hinderik	Sandpit	25. 06.
Mondtheater Budapest	Stazione	26. 06.
The Leningrad Clown Corporation	Neun Gesichter	26. 06.
Alexander Bisenz	Gfrasta	26. 06.
Jiddisches Theater Bukarest	Das Lied des goldenen Pfaus	27. 06.
Compagnie Josef Nadj	Comedia Tempio	28. 06.
Schlabarett	Muttertag	28. 06.
Erich Schleyer	Mut zur Fantasie	30. 06.
Josef Hader	Bunter Abend	30. 06.
Sikulu	Musicaltheater aus Johannesburg	01. 07.
Die magische Zehn	Traum und Illusion	01. 07.
Studio Ilkhom	Ragtime for Clowns	02. 07.
Open House	Abschlussfest	03. 07.

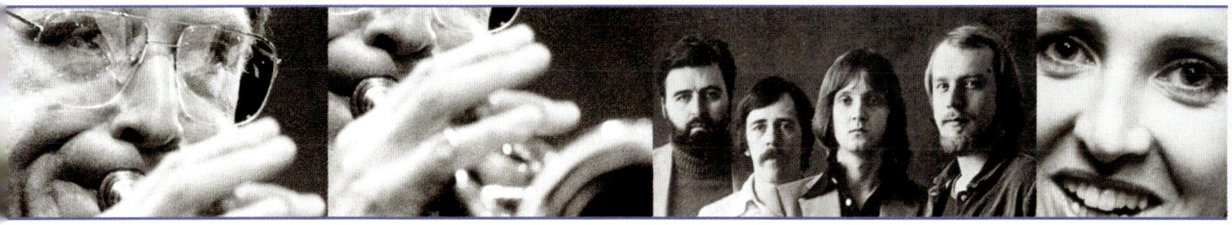

Ikarus lernt

1992

f l i e g e n

Das Festival erreicht seinen ersten Höhepunkt und bespielt
die Donau zwischen Hainburg und Krems als großer Kulturzirkus.
Der Programmbogen reicht von Poesie zu Tanz
und Musical, von Klassik zur Avantgarde.
Stars wie Jérôme Savary und Joe Zawinul
machen das Festival noch attraktiver.
Ein eigenes Theater- und Tanzschiff verkehrt
auf der Donau,
der »Raumfrachter 1«.

[Volière Dromesko]

1992

Ikarus lernt fliegen

»Wir meinen, Europa wäre wie der Spiegel von Schneewittchens Stiefmutter – jede Nation betrachtet sich darin in der Hoffnung, die schönste zu sein; doch in Wahrheit ist er ein ganz normaler Taschenspiegel«, schrieb Jack Lang, damals Kulturminister der Französischen Republik, in einem Artikel über die europäische Kultur in der niederösterreichischen Kulturzeitschrift »morgen«. Taschenspiegel können nur zeigen, was davor steht – sonst nichts. Und was damals wie heute im Taschenspiegel zu sehen ist, kann noch immer nicht als beispielgebend bezeichnet werden. Dabei sind wir alle dazu aufgerufen, die Ärmel hochzukrempeln und gemeinsam für die Schönheit des Kontinents zu sorgen. Stattdessen gab es 1992 wieder Krieg in Europa – wohl das hässlichste Brandmal im Gesicht einer Gemeinschaft, die sich um Stabilität und Wohlstand zu kümmern vorgab. Rückblickend erfasst mich die traurige Gewissheit, dass gerade die Forderungen, die vor genau zehn Jahren von allen Verantwortlichen in die Diskussion um die Gestaltung des neuen Europa eingebracht wurden, immer noch nicht eingelöst werden konnten. Ganz im Gegenteil: Die zunehmende Abgrenzung gegen das »Andere«, Xenophobie und Polarisierung der Gesellschaft lassen das Gefühl aufkommen, dass die Aufbruchsstimmung von 1989 nur mit dem kurz auflodernden Glitzern einer weihnachtlichen Wunderkerze vergleichbar ist. Was zurückblieb, ist ein aschgraues Stäbchen, das nach verbranntem Schießpulver stinkt.

»Volière Dromesko«: Der Vogelzirkus aus Frankreich erwacht bei Einbruch der Dunkelheit auf der Zirkuswiese in Hainburg.

Doch damals, im Frühsommer vor zehn Jahren, standen wir noch mitten im Sternenregen unserer Wunderkerze und bereiteten ein Mehrspartenfestival vor, das fünf Wochen lang Niederösterreich von Tulln über Krems und St. Pölten die Donau abwärts nach Hainburg in ein Kulturspektakel einband, das nicht nur medial, sondern auch kulturpolitisch auffiel.

Das Konzept und die Ideen wuchsen durch Reisen ins Ausland und durch die österreichische Festivalslandschaft, sie wuchsen aus den vielen Fahrten und Wanderungen durchs Land, denn ohne Neugierde läuft nichts. Im Ausland begegnete ich kaum anderen österreichischen Kulturreisenden auf den großen oder wichtigen Festivals: zum Vorteil für das Donaufestival.

Es gab auch unangenehme Erfahrungen wie jene in Barcelona, als mir alles bis auf einen abgebrochenen Bleistift gestohlen wurde. Den neuen Pass und das Reisegeld hatte ich am nächsten Tag. Danach drang ich in die Welt des Flamenco ein und buchte zwei Tage später in Sevilla den zeitgenössischen Musikpapst und Performer Carles Santos für das Festival 1992 – ein Vorgeschmack auf »Vengo«. So wurden die Weichen bei der Suche nach Inhalt, Form und Vermittlung gestellt.

Alles lief parallel, denn inzwischen wurde im Linzer Hafen ein ausgedienter Frachtkahn als fahrbare Bühne adaptiert – er sollte beim Festival zwischen Melk und Hainburg verkehren. Das gehörte zur Festivalsphilosophie wie unser fliegendes Theaterhaus, das abwechselnd in Krems und St. Pölten bespielt wurde.

Der Mut zu solchen Ideen kam auf den Reisen, denn aus der Ferne kann ich die Dinge üblicherweise weniger verkrampft sehen. Die Mitarbeiter lebten mit und trafen ihre Entscheidungen. Mich stellten sie gern als demokratischen Patriarchen hin, weil ich mir etwas in den Kopf setzte, und sie mußten es wahr machen.

Dass es manchmal durchaus mühsam sein konnte, genau das zu erreichen, was man sich vorgenommen hat, zeigt folgendes Beispiel: Ich buhlte ein halbes Jahr um das Kult-Musical »Marilyn Montreuil« von Jérôme Savary und flog häufiger nach Paris, als es meinem Reisebudget gut tat, bis ich es schaffte, die Produktion nach St. Pölten zu holen. Savary inszenierte auch im selben Jahr in Bregenz und kam zur Pressekonferenz nach Wien ins Café Griensteidl. Das sorgte für größtmögliche Publizität.

Mit einem Mal lief alles wie von selbst: Die Heimkehr des großen Joe Zawinul, der in Tulln spielte, ebenso, wie »Offene Gruben, offene Fenster« von Werner Schwab. Oder die Personale von Stephan Bruckmeier und Julia Stemberger, aber auch schräges Kabarett von Kurt Palm mit seinem »Sparverein die

Unzertrennlichen« gaben dem Programm gewisse Akzente. Außerdem durften die Impulse der neuen europäischen Tanzsprache zwischen Nederlands Dans Theater, Danat Danza, Szeged Ballett und Esther Linley nicht fehlen.

Es entstand eine »Festspielszene Donau«, räumlich und inhaltlich verbunden durch das Festival-Schiff. Schauspieler und Poeten waren überdies unterwegs in ganz Niederösterreich. Amstetten und St. Pölten bekamen große Musicals zu sehen, und für die einzelnen Spielräume wurde eine eigenständige Programmstruktur entwickelt: In St. Pölten entstand ein Zentrum für moderne Musik, Hainburg verbreitete alternative Zirkusluft, Krems wurde Theaterstadt – das »Avignon der Wachau«. Die Donau blieb immer im Mittelpunkt der Gedanken.

Mit dem Kremser Stadtfest lief das Programm an: Zwischen den alten Häusern wurden Seile für Artisten gespannt – wie im Mittelalter. Vieles blieb unwiederholbar. Auch die Kapriolen des Wetters: Trotz dreimaliger Gewittergüsse spazierte die Prominenz bei der Eröffnung zwischen Kloster Und mit bulgarischen Frauenstimmen und dem Festival-Schiff im Hafen mit Tanz und Musik. Der Zeltstadt im Stadtpark

Mia Zabelka

im Traisenpavillon

St. Pölten:

Virtuose Geigerin

und Komponistin.

Sparverein die Unzertrennlichen: »Trilogie vom Schase« mit Josef Hermes Phettberg im Theaterzelt im Kremser Stadtpark. Regie: Kurt Palm.

1992

mit Artistik und Theater stattete das Eröffnungspublikum ebenso einen Besuch ab, wie dem bunten Straßentheater-Geschehen zwischen den Stadttoren der Altstadt von Krems und der Gozzoburg auf dem Hohen Markt. Eine ganze Stadt in Bewegung, Aktion und Farbenpracht.

St. Pölten ist anders. Eine verträumte Stadt mit vielen Gesichtern und Winkeln zwischen Stadttheaterromantik, vergilbten Stadtsälen, barocken Plätzen, einem Dom und einer Müllhalde, auf der ein neues Regierungsviertel für Niederösterreich aus dem Boden zu schießen begann. Am Sonntag bleiben die Gasthäuser geschlossen. Aber von St. Pölten ist man schnell überall: in den Alpen, im Dunkelsteinerwald, in der Wachau, in Krems, im Waldviertel, in Wien.

Jérôme Savary kam nicht zur Premiere seines Musicals ins Theaterhaus in St. Pölten, Minister Alois Mock wartete vergeblich auf ihn. Mathias Rüegg brachte mit viel Echo »La Belle et la Bête« im Traisenpavillon heraus und ging anschließend auf eine international viel beachtete Tournee durch Europa. Das Lloyd-Webber-Jugendmusical »Joseph« – inszeniert von Anna Vaughan – war bis auf den letzten Platz zwei Wochen lang ausverkauft. Alexander Goebel insze-

nierte »The Rocky Horror Show« mit einer schwungvollen Choreografie Kim Duddys.

Wir feierten am Ende des Wachauer Theaterfestivals Abschied in Krems an einer langen Tafel mit Kulturstadträtin, Bürgermeister, Künstlern und Mitarbeitern und übersiedelten um zwei Uhr früh nach Hainburg, wo am nächsten Morgen der Poesiezirkus mit einem riesigen Kinderfest und mit einem russischen Clownszirkus eröffnet wurde. Wir kamen kaum zum Schlafen, da in unserem Quartier einige Zimmerschlüssel fehlten. Das ist Festivals-Leben. Und wir mutierten zu Zirkusleuten, machten Exkursionen nach

Das Theaterhaus will selbst Kunstobjekt sein: Mobiles Theater zwischen Krems und St. Pölten.

[links: Volière Dromesko]

Bratislava, nach Schlosshof, in die Auen und in die Geschichte. Alles war neu, unvermutet. Land-Art-Künstler um Heinz C. Dosedla installierten Artefakte in der Landschaft, drei schwarze Zauberfrauen aus Kenia kochten für die Künstler auf. Multiart auf allen Ebenen. Am Vormittag tauchte die aristokratische Reiterin des Zirkus Volière Dromesko auf ihrem Flügelpferd im Burgwald auf. Mercedes Echerer tanzte im Festivalszentrum nach Mitternacht Flamenco. Manche verliebten sich. Ich suchte im Schlosspark von Schlosshof die Reste von Attilas abgebranntem Palast.

Ein Land ist immer so frei, wie es mit seinen Künstlern und Intellektuellen umgeht.

Die Künstler

»Der Fluch des Künstlers: Sein Leben lang beurteilt werden von Leuten, die weniger Fantasie, Geschmack und Herz haben als er« – soweit Alexander Roda Roda, der zu Recht beklagt, dass der Begriff »Künstlerseele« stets ironisch gebraucht wird. Das Donaufestival stand zu diesem Begriff, denn schließlich ist ein Land immer so frei, wie es mit seinen Künstlern und Intellektuellen umgeht. Bei uns standen sie stets im Vordergrund, und wir stellten die österreichischen Künstler gleichwertig neben die internationalen Gäste. Und kleine Anekdoten bleiben wie jene, als Jérôme Savary mich und meine Assistentin Sonja Lackner – sie spricht akzentfreies Französisch, ich nicht – in einem Restaurant an den Champs-Élysées zu Champagner einlud und dabei Marilyn Montreuil präsentierte. Was wir organisatorisch für das Gastspiel in St. Pölten genau besprochen haben, weiß ich nicht mehr, aber wie er dem Kellner nach Champagner geschnippt hat und wie ihn Marilyn dabei fasziniert angehimmelt hat – das bleibt.

In der Woche vor der Eröffnung schüttete es tagelang. Wir mussten das Konzert mit Joe Zawinul in die sterile Tullner Messehalle verlegen. Trotzdem kamen über 2000 Menschen. Schon die offizielle Feier mit dem damaligen Bundespräsidenten Kurt Waldheim und Landeshauptmann Siegfried Ludwig am Nachmittag im Tullner Stadtsaal war übervoll. Die Festrede hielt Mercedes Echerer. Joe Zawinul feierte seinen sechzigsten Geburtstag. »Wellenlängen« hieß sein Programm, das er mit dem »Zawinul Syndicate« spielte. Der große Mann aus der Generation von Gulda steht für Österreichs internationale Musikpräsenz. Ihm zu Ehren spielte der Gitarrist John McLaughlin mit. Mia Zabelka wollte auch dazugeigen – allein, ihr Verstärker fiel aus. Eine Crossover-Einlage dazu lieferte Wolfgang Puschnig mit den Alpine Aspects mit bester schräger Blasmusik. So ein bisschen Vorahnung auf Mnozil Brass und Hubert von Goisern steckte schon in den Keimen. Während draußen das Wasser niederrauschte, wurde es drinnen langsam wärmer und gemütlich. Viele Prominente waren da, auch Thomas Klestil schaute vorbei und besuchte seinen Jugendfreund und Musikkollegen Joe in der Künstlergarderobe. Ein guter Anfang, obwohl das Feuerwerk über Tulln buchstäblich ins Wasser fiel.

Tags darauf ging es in Krems weiter mit dem Kremser Stadtfest, dem Spanischen Enfantterrible Carles Santos und der spanischen Tanzgruppe Danat Danza, die seit dem sensationellen Gastspiel 1991 beim Wachauer Theaterfestival zur absoluten Spitze des internationalen Tanzgeschehens gehört. Die beiden Ensembles leiteten das Wachauer Theaterfest ein und gaben ein Gefühl für Gesamtkunstwerk und künstlerische Freiheit. In Spanien ist Carles Santos ein gefeierter Star. Bei uns wurde er vor allem argwöhnisch und neugierig beäugt. Manche waren empört, die meisten angetan. »Tramuntana Tremens« war eine A-cappella-Tondichtung des Exzentrikers, die mit Licht und Bewegung zu einem interessanten Musiktheater verschmolz. Zwischen Wortfetzen und Tönen schwebten Fallschirmspringer vom Himmel herab, und 17 Schöne im Esther-Williams-Look trippelten über die Bühne. Tramuntana – der kühle katalanische Nordwind – pfiff dabei den Herren im Pilotenoverall um die Ohren. Unten stand Carles Santos und dirigierte den eigenwilligen Choral mit Verve.

Ganz anders Danat Danza mit »Kaspar«, der Geschichte von Kaspar Hauser. Eine Produktion für die EXPO in Sevilla 1992 und das Donaufestival. Ein schö-

ner Tanzabend mit imposantem Bühnenbild – mit sich drehendem Gefängnisturm Kaspars, choreografiert von Sabine Dahrendorf und Alfonso Ordonez. Der Intellekt der spanischen Tanzkunst, der Anspruch auf Gesamtkunstwerk und hohe bildnerische Kunstvorgaben durch Picasso, Miró und Dalí vermischten sich mit einem Nachholbedarf an künstlerischer Freiheit seit Franco im heutigen Spanien.

Für das Programm 1992 gab es zwei Schwerpunkte: Den Jahrestag der Entdeckung Amerikas und die selbst gestellte Aufgabe, zwei künstlich getrennte europäische Hälften wieder zusammenzufügen. Deshalb waren Künstler aus Ost und West geladen, die mit der Begegnung an einem guten Platz in der Mitte Europas genau das taten, wozu die große Politik zu diesem Zeitpunkt nicht im Stande war. Aus Prag kam daher das Prager Kammerballett und tanzte im klassischen Ballettstil drei Stücke von Pavel Smok: Hohe Ballettkunst mit einer Prise Schwejk.

Josef Nadj, der ungarische Choreograf, der nach Paris ging, mit seinen surrealistischen Visionen, angesiedelt zwischen Tanz und Theater, hatte 1991 dem Donaufestival einen wichtigen Beitrag geliefert und das Festivalsmotto »Räume in Bewegung« initiiert.

Alfred Dorfer und Roland Düringer in »Mahlzeit«.

Diane Tell

in der musikalischen Komödie

»Marilyn Montreuil«

von Jérôme Savary.

1 9 9 2

Gastspiel: »Ostbahn Kurti & die Chefpartie«
auf dem Festival-Schiff in Tulln
am Samstag, 20. Juni 1992, 21 Uhr.

1992

Orte der Fantasie,

der Bilder, der Bewegung

sperren sich

gegen die Schrift.

Diesmal stand die Uraufführung »Orfeus provincialis« auf dem Programm des Donaufestivals. Nadj ist ein Tanzphilosoph, der seine Stoffe meist aus ungarischer Avantgardeliteratur bezieht – diesmal von Otto Tolnay.

Mit dem Nederlands Dans Theater wurde in Krems wirklich Spitzentanz geboten. Choreografien von Jiří Kylián, Hans van Manen und Nacho Duato eroberten die Herzen des Publikums. Und sehr experimentell die Performance »Utopia of a Tired Man« von der Esther Linley Dance Company.

Die neuen Theaterinszenierungen wurden im Studiozelt gezeigt. Der »Sparverein die Unzertrennlichen« mit Hermes Phettberg spielte in der Regie von Kurt Palm »Die Trilogie vom Schase« – mit einer Uraufführung von Artmanns »Schas sehr heiß bitte« und anderen in der Literatur sehr stiefmütterlich behandelten Schasstücken.

Das Studiozelt war Experimentierschuppen. Stephan Bruckmeier stellte Werner Schwabs neues Stück »Offene Gruben – offene Fenster« vor. Eine Komödie des damaligen Jungstarautors. Ein Fall von »Ersprechen«. Es wurde ein Achtungserfolg. Gut akklamiert hingegen war Ernst Jandls »Aus der Fremde«, Reinhard P. Grubers »Heimatlos« und Rainer Werner Fassbinders »Bremer Freiheit«.

»Die große Welt der kleinen Kunst« fand auch 1992 mit Musik und Kabarett im Spiegelzelt statt. Es kam viel Neues aus der deutschen Szene zwischen Berlin, Hamburg und München: Die Bastarde, die Mehlprimeln, aus Österreich die Tietzes.

Julia Stemberger spielte mit Mutter und Schwester »Abduhenendas missratene Töchter« von Herzmanovsky-Orlando. Wieder eine Uraufführung im Spiegelzelt. Robert Meyer gab einen grandiosen Nestroy-Abend mit »Wenn alle Stricke reiß´n, häng i mi auf«. Die Gruppe »Schlabarett« feierte mit »Mahlzeit« im Spiegelzelt eine ihrer erfolgreichen Premieren und zog anschließend als Festivalsbote quer durch Niederösterreich. Weiters glänzte Thomas Maurer mit »Placebo Forte«. Es fällt schwer, den Wiener Kabarettisten noch als solchen zu bezeichnen. Denn spätestens mit diesem Programm mauserte er sich zum Komödianten: Er zauberte kleine lächerlichen Figuren auf die Bühne, die man wiedererkannte, auch wenn man sie lieber nicht gekannt hätte.

Dazu kamen Musikprojekte mit Franz Franz, Frank Royon Le Mee, »Ballhaus« aus Köln, den »Vögeln Europas« und der britischen Band »Juke«.

Das Kremser Stadtfest am 13. Juni 1992 war das bisher größte mit unzähligen Bühnen zwischen Donauufer, Kloster Und, Hohem Markt, Stadtpark und Innenstadt – dazu kamen die köstlichen Straßentheaterproduktionen von »L'Oboubambulle«, die mit einem Schiff durch die Stadt zogen, oder dem Aktionisten Arguilles, der mit seinem roten Mantel die halbe Stadt einpackte. Im Kloster Und ein Konzert eines bulgarischen Obertonstimmen-Frauenchores, im Stadtpark spielten Musikgruppen im Pavillon. Die Stadt war auf den Beinen: Krems war noch nie so voll.

Und immer wieder tauchte im Nebel der Wachau das Festival-Schiff – der »Raumfrachter I« – mit seinen Illusionswelten auf: Einmal gab Gandalf sphärische Klänge zum Besten, erklang eine Musica Bohemica, dann wieder sangen die Jazz-Gitti in Krems, der Ostbahn Kurti in Tulln, tanzte die Elisa Monte Dance Company oder das Szeged Ballett. Selbst Opernstar Peter Dvorsky hatte Vergnügen daran, in dieser außergewöhnlichen Spielstätte aufzutreten.

Karl Kraus sagte einmal: »Unsere Kultur besteht aus drei Schubfächern, von denen zwei sich schließen, wenn eines offen ist: aus Arbeit, Unterhaltung und Belehrung.« Ich habe versucht, Fach eins und drei stets geschlossen zu halten – fürs Publikum. Die Arbeit für uns Veranstalter hingegen war oftmals nicht mit Unterhaltung verbunden, mussten doch zahlreiche Spielorte gleichzeitig betreut werden. Aber schließlich war 1992 das Motto »Ikarus lernt fliegen«, sodass für uns die Leichtigkeit des Scheins als Prämisse unserer organisatorischen Tätigkeit gewählt werden musste. Im barocken St. Pölten jedenfalls fanden die Aufführungen in einem völlig anderen Kontext statt als im mittelalterlichen Krems, auch das musste genau gefühlt, abgewogen und schließlich verdaut werden. Meine Vorarbeit gestaltete sich manches Mal auch als diplomatische Mission:

In einer Audienz bei Bischof Krenn hatte ich um Erlaubnis angefragt, die »Jeanne d'Arc« von Arthur Honegger anlässlich dessen hundertsten Geburtstags im Dom und am Domplatz zu spielen. Von seiner Eminenz wurde wohlwollend zur Kenntnis genommen, dass das Donaufestival auch vorhatte, biblische Stoffe wie das Jugendmusical »Joseph« aufzugreifen. Die Geschichte der Johanna wurde von Julia Stemberger ergreifend gesprochen und vor der Kulisse des Doms gespielt. Erwin Ortner dirigierte das ORF-Symphonieorchester und setzte sich mit dieser legendären Aufführung am 14. Juni und tags darauf im Freien am Domplatz ein Denkmal seiner Chorleiterarbeit mit dem Arnold Schönberg Chor. Oratorium oder Oper? Ein faszinierend gelungenes Experimentalwerk aus dem Jahr 1938. In diese große Orchesterpartitur wurden Jazzrhythmen verwoben, feierliche polyphone Chöre, das Johlen der fanatischen Menge, Kinderlieder, Totentänze und gregorianische Choräle, schlichte Akkorde und verwirrende Dissonanzen – und erstmals Klänge eines elektronischen Instruments.

»Joseph and the amazing technicolor dreamcoat« der New Generation Cooperation: Dieses Jugendmusical von Andrew Lloyd Webber wurde eigens für das Donaufestival produziert. Regie und Choreografie lagen in den Händen von Anna Vaughan, die Musik wurde von Andy Radovan und Arthur Lauber arrangiert und aufgenommen. Die Aufführungen in den St. Pöltner Stadtsälen wurden vom jugendlichen Publikum gern besucht – wir waren immer ausverkauft. In St. Pölten sangen, spielten und tanzten junge Talente, die bei einer Audition ausgewählt wurden. Damals machte Caroline Vasicek Karriere – zwei Jahre später spielte sie bereits Musical im Raimundtheater.

Eine österreichische Erstaufführung und Koproduktion mit dem Vienna Art Orchestra, die von St. Pölten aus in Banlieu und Trento zur Aufführung kam, wurde zum märchenhaften Dialog zwischen der Sängerin und dem Orchester einerseits und dem Biest andererseits: »La Belle et la Bête«. Sieben musikalische Gedichte nach einer Partitur von Jean Cocteau. Idee und Musik: Mathias Rüegg. Inszenierung: Christoph Marthaler. Die Sängerin: Corin Curschellas.

»Songs of an Imaginary Voice« – wieder eine Uraufführung. Komposition und am Synthesizer: Thomas Pernes. Saxophon: Harry Sokal. Keyboards: Stefan Aschböck. Kontrabass: Jean-Paul Celea. Schlagwerk: Wolfgang Reisinger. Pernes ist ein außergewöhnlicher Komponist. Er hat ein Werk mit Linien von einer klaren Schönheit geschaffen. Die Klänge waren wie Kleinode, die in ein konvulsives Umfeld gebracht wurden. Die Stimmen waren keine menschlichen, sondern wurden großteils vom Saxophon übernommen. Pure Avantgarde für hohe Aufnahmebereitschaft. Ein wichtiger Beitrag zum Crossover.

Marilyn Montreuil – eine musikalische Komödie, eine Revue oder ein Musical? Jérôme Savary, Theaterzauberer und Erfinder des »Grand Magic Circus«, gefragter Regisseur in halb Europa, liebt die Vermengung von Bühnenwelt mit Zirkus, Varieté, Theater, Musik und Bewegung. Im Theaterhaus auf dem Trabrennplatz präsentierte er mit französischem Charme und comicsartigen schnellen Bildern die turbulente Geschichte des Vamps Marilyn aus der Pariser Vorstadt. Sie wollte aussehen wie Marilyn Monroe und ebenso Karriere machen und benennt sich nach ihrem Wohnort Montreuil – mitreißend gemacht für ein jugendliches Publikum mit Elementen aus dem Rap.

Das Zirkusfest in Hainburg macht es mir schwer, die Dimension dieses Ereignisses dem Leser nahe zu bringen. Denn wenn ich mich der figurativen Welt des Clowns, des Akrobaten, mit einem Wort dem Zirkus, mit dem Mittel der Sprache nähern will, sperren sich die Orte der Fantasie, der Bilder, der Bewegung gegen die Schrift. Ich will dennoch versuchen, einen Einblick in die Atmosphäre zu geben.

Zunächst einmal wandten wir wieder das Prinzip der bewegten Räume an, das dem Aufführungsort seine Besonderheit verlieh, aber hier noch gesteigert

»Unsere Kultur besteht aus
drei Schubfächern, von denen
zwei sich schließen, wenn
eines offen ist:
aus Arbeit, Unterhaltung und
Belehrung.« [Karl Kraus]

werden konnte: Am Strom lag das Festival-Schiff im Hafen vertäut, unweit des einstmals keltisch besiedelten Braunsberges, am Fuß des Schlossberges, gegenüber der slowakischen Ruine Devin. Die Donau war immer schon ein gut bewachter Platz, deshalb ist auf niederösterreichischer Seite ebenfalls eine Ruine zu finden: Die Burgruine Hainburg wurde seit Jahren von einem privaten Verein in liebevoller Kleinarbeit restauriert. Als jahrhundertelange Grenzfeste vor den Toren des Slawischen Reiches und als Hochzeitsburg von Ottokar Přzemysl und Margarethe von Österreich wurde Hainburg zu einem der bedeutendsten historischen Orte Ostösterreichs. Die Hochzeitskapelle existiert heute wieder und gehört zu jenen renovierten Teilen der Burg, die seit Jahren als Kulisse für lokale Burgspiele dient. 1992 wurde sie Teil unseres »Festivals der Poesie«. Das Ambiente könnte nicht reizvoller sein für die Darbietung poetischer Inhalte.

Auf halbem Weg zwischen Festival-Schiff und Burg ließen sich die Zirkusleute nieder – der ehemalige Exerzierplatz wurde zur Festivalswiese. Eine gewaltige logistische Organisation verwandelte den geschichtsträchtigen Platz in ein Festivalsgelände. Ohne die Hilfe gut eingespielter Firmen wie »Klik« mit

Robert Wittmann und Karl Hons, die die gesamten Bühnenbauten mit ihrer Technologie ausstatteten, das Bühnenschiff, das Theaterhaus gebaut hatten und uns auch in den Folgejahren mit Torbauten und Portalen versorgten, hätten wir keine Chance gehabt, uns von Feuerwehrfesten zu unterscheiden. Über das rein Technische hinaus gaben sie dem Festival auch ein gewisses Design. Heinz Toplak legte mit seiner Mannschaft viele Kilometer Kabel, sie bewerkstelligten damit die sichere Stromversorgung. Lukas Kaltenbeck illuminierte das Festivalsgelände und verzauberte mit seinem Lichtdesign den Ort.

Carles Santos dirigiert

»Tramuntana Tremens«.

Der österreichische

Internationale: Joe Zawinul.

1992

Denn für ein solches Angebot auf der Zirkuswiese, das alles bisher da Gewesene bei weitem übertraf, musste eine kleine autochthone Stadt in der Stadt gebaut werden: Fünf Zirkusproduktionen, eine Zirkusschule, Zirkusplakate, Platz für die Clowns, die Workshops, für zwei Zelte musste geschaffen und das Freigelände abgesichert werden. Allerdings: mit klassisch-traditionellem Nummernzirkus hatten unsere Produktionen nichts zu tun – schon gar nicht mit Tieren. Oder doch? Der wandernde Vogelkäfig des Volière Dromesko war ein zirzensischer Traum vom Fliegen. Das Spektakel aus Frankreich begann bei Sonnenuntergang. Da war alles drin: der theatralische Typ, der eine Flugmaschine Leonardos betätigt, die edle Reiterin am Pferd, das Flügeln ausklappen kann, der Feuerreiter im Stil eines Berbers à la Bratabas, das Seiltänzerliebespaar Agathe und Antoine, die mitteleuropäische Musikgruppe mit ihren ewig-melancholischen Weisen, der schwarze Jahrmarktsakrobat. Bei der Österreich-Premiere auf der Hainburger Wiese fiel der Strom aus. Wir mussten im Dunkeln zwei Starkstromkabel zusammenschließen, und nach zwanzig Minuten ging die Vorstellung weiter – ganz Hainburg war Poesiezirkus. Die 210 Vögel der Volière Dromesko und die Artisten wurden

»Sinfonietta«

vom Prager Kammerballett,

Choreografie: Pavel Smok.

»Kaspar« – Danat Danza,
Choreografie:
Sabine Dahrendorf und
Alfonso Ordonez.

1 9 9 2

»Orfeus provincialis« – Compagnie Josef Nadj, Uraufführung: Surrealistische Visionen zwischen Tanz und Theater.

zum Tagesgespräch für Publikum und Medien, und dann kam noch das Seitenblicke-Team. Der Abend endete mit tosendem Applaus.

Aufregend spielten auch die Zirkusfrauen vom Cirque Barbarie in »Cosima Barbes« die Geschichte eines Nomadenstammes. Der einzige Zirkus, der nur aus Frauen besteht – keine Tiere, kein Zelt, keine Wohnwägen. Sie gehören zu den ungewöhnlichen Zirkusgruppen und Ensembles, die sich in den letzten Jahren gebildet haben, und zählen zu Zirkusgrößen wie Fura del Baus, Cirque du Soleil, Archaos und weiteren Repräsentanten des Cirque Nouveau.

Und noch eine spannende Zirkusaufführung konnten wir unserem Publikum mit dem Semola Theater und seinem Programm »In Concert« anbieten: Leidenschaft mit Wahnsinn, Mut mit Leichtsinn. Brennende Menschen, stürzende Masten, zwei Frauen im Hagel explodierender Feuerwerkskörper. Ein Zirkus, den Salvador Dalí entworfen, Richard Wagner geschrieben und Federico Fellini inszeniert haben könnte. Und der deutsch-französische Rockzirkus Gosh aus Berlin zählt zu meinen Lieblingen: Sieben Artisten und fünf Musiker. »Gosh« heißt so viel wie »Mein Gott«, und alles ging Schlag auf Schlag in diesem großen Artistikwir-

Und immer wieder taucht im Nebel der Wachau das Festival-Schiff »Raumfrachter I« mit seinen Illusionswelten auf.

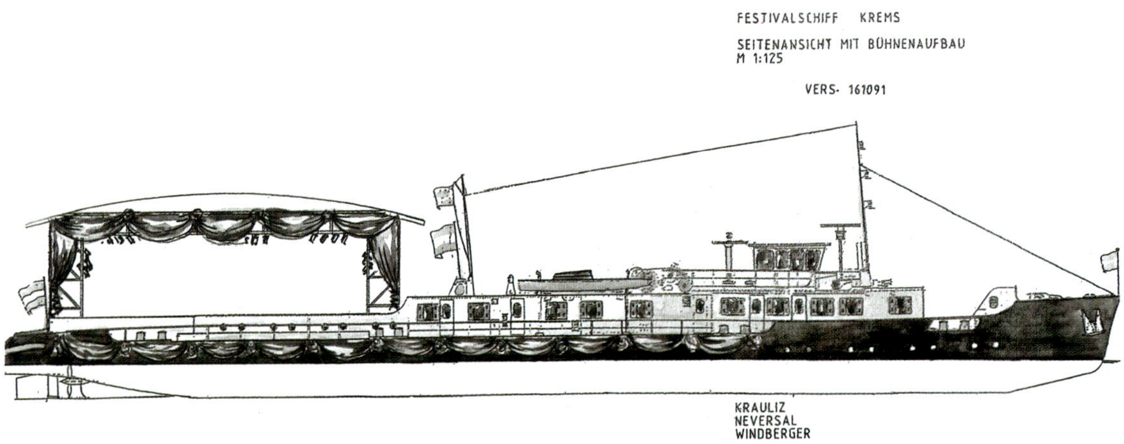

bel, der da von der Bühne braust – mit Rockmusik live, die durch alle Nummern fetzt. Doch nicht nur der Zirkus hielt Einzug in Hainburg, wir stellten auch das größte Kinderfest Österreichs unter dem Titel »Alles was Flügel hat …« zusammen: mit Erich Schleyer, Thomas Brezina und vielen anderen.

In Hainburg organisierten wir einen historischen Jahrmarkt. Gut 30.000 Menschen waren unterwegs. Aus Bratislava kamen elf Personenschiffe, die in Hainburg anlegten. Auf der Zirkuswiese spielten die Clowns im Zelt, und im Freien agierten die »Flying Danish Superkids«. Landeshauptmann Siegfried Ludwig und Landesrätin Liese Prokop genossen gemeinsam mit den vielen Gästen die Nachmittagssonne auf der Festivalswiese und blieben vier Stunden.

Das Festival der Poesie auf der Burg schließlich mit Blick auf Bratislava, Devin, das Festivalsgelände, die Hainburger Au und das Festival-Schiff war ein Kaleidoskop von Lesungen, Konzerten, Buchausstellungen, Hörspielwettbewerben – eine literarische Begegnung zwischen Ost und West. Große Namen wie Péter Esterházy, Josef Haslinger, Ernst Jandl, Hans Raimund, Gerhard Rühm oder Robert Schindel – um nur einige wenige zu nennen – gaben Hainburg in einer Zeit des flüchtigen Konsums und der schnellen Eindrücke einen beinahe anachronistischen Touch.

Nach den Veranstaltungen saßen wir meistens am Lagerfeuer oder gingen ins Festivalstreff im Jugendzentrum an der Stadtmauer. Oft feierten wir gemeinsam mit den Künstlern und den Mitarbeitern wie Annette, Maria oder Karin. Nach solch einem Abend traf ich einen jungen Matrosen, der mir von seinen wochenlangen Schlepperfahrten die Donau hinab zum Schwarzen Meer nach Tulcea erzählte. Ich bekam Sehnsucht, da einmal mitzufahren. Wir bummelten in Hainburg den alten Treppelweg entlang und träumten vom Orient – wie Abertausende in den vergangenen Jahrhunderten. Dazu sollte es aber nicht kommen, weil in Serbien losgeschossen wurde.

Wir betreuten insgesamt 102 Veranstaltungen. 70 Produktionen, drei Uraufführungen, neun Eigen- und Koproduktionen, 16 österreichische Erstaufführungen wurden gezeigt, über 600 Künstler aus 17 Ländern waren zu Gast. »Das Donaufestival ist ein Fest der Donauländer«, zog Landeshauptmann Siegfried Ludwig Bilanz. Besonders freute uns die Anerkennung großer Persönlichkeiten, die im Ehrenkomitee die geistige Patronanz für das Donaufestival 1992 übernommen hatten, wie Brigitte Hamann, George Tabori oder Peter Marginter. Es war uns ein Anliegen, einer übertriebenen Kulturernsthaftigkeit zu begegnen und neue Publikumsschichten durch bisher unbekannte Erlebniswelten zu erschließen.

»Bremer Freiheit«

von Rainer Werner Fassbinder:

Eva Hosemann als Geesche.

Ikarus

lernt fliegen

Joe Zawinul	Wellenlängen	**12. 06.**
Jazz-Gitti	Ein Schiff wird kommen	**13. 06.**
Bulgarischer Frauenchor	Les mystères des voix bulgares	**13. 06.**
Carles Santos	Tramuntana Tremens	**13. 06.**
Die Bastarde	Kabarett aus Berlin	**13. 06.**
Gandalf	Sphärenklänge	**14. 06.**
Sparverein die Unzertrennlichen	Die Trilogie vom Schase	**14. 06.**
Kosilo	Kosilos Kinderinsel	**14. 06.**
Arnold Schönberg Chor	Jeanne d'Arc	**14. 06.**
Götz Spielmann	Erwin und Julia	**14. 06.**
L'Oboubambulle	Performance	**15. 06.**
Die Tietzes	Trance und völlig weggetreten	**15. 06.**
Alexander Goebel	The Rocky Horror Show	**15. 06.**
Prinzregententheater München	Die Räuber	**16. 06.**
Die Mehlprimeln	Bayrische Kabarett-Primeln	**16. 06.**
Musica Bohemica	Folklore aus Böhmen	**17. 06.**
Julia Stemberger	Abduhenendas missratene Töchter	**17. 06.**
Theater Gruppe 80	Bremer Freiheit	**17. 06.**
Janáček Sinfonieorchester Ostrau	Janáček, Smetana und Zeitgenossen	**18. 06.**

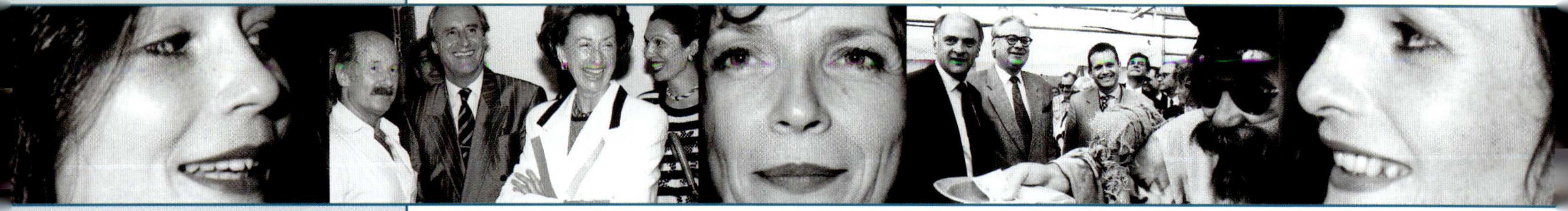

1992

Programm

Franz Franz	Ernsthaft ernst	18. 06.
Werner Schwab	Offene Gruben – offene Fenster	18. 06.
Raum und Zeit	Symposion	18. 06.
Danat Danza	Kaspar	19. 06.
Joe Harriet	Das Stück danach	19. 06.
New Generation Cooperation	Joseph and the amazing technicolor dreamcoat	19. 06.
Ostbahn Kurti und die Chefpartie	Persönliches Gastspiel	20. 06.
Schlabarett	Mahlzeit	20. 06.
Richard Weihs	Reise nach Parkistan	20. 06.
Prager Kammerballett	Räume in Bewegung – aber wohin?	20. 06.
Sinfonietta	Verklärte Nacht	21. 06.
Hubertus Zorell	Hubertus Hasenfuß Apfelmus	21. 06.
Thomas Maurer	Placebo Forte	22. 06.
E. Linley Dance Company	Utopia of a Tired Man	22. 06.
Compagnie Josef Nadj	Orfeus provincialis	23. 06.
Ballhaus	Humorige Musik aus Köln	23. 06.
Vienna Art Orchestra	La Belle et la Bête	23. 06.
Robert Meyer	Wenn alle Stricke reiß'n häng i mi auf	24. 06.
Nederlands Dans Theater	Un Ballo, Passomezzo	25. 06.
Die Vögel Europas	Pop en avant	25. 06.
Theater-Bureau	Aus der Fremde	25. 06.
Thomas Pernes	Songs of an Imaginary Voice	25. 06.
Kleines Theater Salzburg	Heimatlos	26. 06.
Juke	Abschlussabend	26. 06.
Mia Zabelka	Arminius	26. 06.
	Hainburger Kinderfest	27. 06.
Volière Dromesko	Alles was Flügel hat ...	27. 06.
Clowns aus Kiew	Mimikritschi	27. 06.
Elisa Monte Dance Company	Audentity, White Dragon, Treading	28. 06.
	Historischer Markt	28. 06.
Ensemble 83	Fame	01. 07.
Frauenzirkus Barbarie	Cosima Barbes	02. 07.
Szeged Ballett	Angelic Ballet, Behind the dream	04. 07.
Peter Dvorsky	Starke Töne	04. 07.
Semola Theater Barcelona	In Concert	04. 07.
Théâtre National de Chaillot	Marilyn Montreuil	07. 07.
Gosh	Rockzirkus aus Berlin	08. 07.
	Festival der Poesie	09. 07.

Klang
Klang
Klang
Klang
Klang
s u c h t
R a u m

1993

Die Zigeunershow von André Heller feiert Triumphe.
Ebenso gestürmt wird die Produktion des Kindermusicals
»Lisa und die Frösche«.
Der Ost-West-Dialog geht weiter:
»Stimmen über die Grenzen«

[Gesangsvirtuosin Greetje Bijma]

1993

Klang sucht Raum

»Dem sich seit etwa zwei Jahren abzeichnenden Kurswechsel der FPÖ in Richtung einer nationalpopulistischen Protestpartei mit entsprechendem Austausch der Wählerschaft ist der wahlpolitische Erfolg versagt geblieben«, schrieb Peter Ulram als Kommentar zum Wahlergebnis in Niederösterreich vom 16. Mai 1993 und schloss, »dass die Bedeutung von Persönlichkeitsaspekten in der Wahlentscheidung weiter zunimmt«.

Einen Monat vor Beginn des NÖ Donaufestivals war Niederösterreichs ÖVP bei den Landtagswahlen gerade mit einem blauen Auge davongekommen – immerhin verlor die christdemokratische Traditionspartei 36.000 Stimmen an die FP und 12.000 an die damals zweitstärkste Gruppe: die Nichtwähler. Eine merkwürdige Stimmung begann sich breit zu machen – nicht nur im Land unter der Enns. Überall wurde der Wandel von der Arbeits- zur Dienstleistungsgesellschaft festgestellt. Die prozentuelle Abnahme der Produktionsarbeiter und der Zugewinn der Erwerbstätigen im Dienstleistungsbereich wurden sichtbar, es entstand dadurch ein veränderter Lebensmittelpunkt. Der Erwerbstätigkeit wurde weniger Aufmerksamkeit gewidmet. In den Medien tauchten immer mehr »lifestyle«-Vorschläge auf, die Spaßgesellschaft begann sich in den Gehirnen der Menschen festzusetzen.

Wolfgang Muthspiel in den Stadtsälen von St. Pölten – der Meister der Jazzgitarre auf dem Weg zur Weltkarriere.

Kontrastprogramm: 500 Kilometer weiter im Süden verfolgten Albtraum-Visionen unsere Nachbarn: Serben, Kroaten, Bosnier waren in einem verbitterten Kampf um Territorien, Geld und Macht verbissen, Genozid, blutige Rachefeldzüge riefen unendliches Leid und Flüchtlingsströme hervor, wie es auf europäischem – ja, mitteleuropäischem – Boden am Ende des 20. Jahrhunderts nicht mehr für möglich gehalten worden war.

Was Kulturvermittler als Gegenposition tun konnten, war nicht einmal so wenig. Wir hätten uns zwar dämpfen lassen können durch seltsame Vorgaben der Kulturabteilung des Landes Niederösterreich an das großteils von der Landesregierung finanzierte Festival. Unser Zweijahresvertrag war abgelaufen, nach dem großen Erfolg 1992 wurde nicht automatisch verlängert – man ließ uns lang im Unklaren, bis die Vorbereitungszeit für ein Festival 1993 fast zu kurz wurde. Plötzlich war alles wieder in Frage gestellt, das Festival als solches sollte umstrukturiert und natürlich finanziell gekürzt werden. Doch einige kluge Politiker wie Erwin Pröll, der neue Landeshauptmann, sowie der engagierte Präsident unserer Gesellschaft Otto Bernau ermöglichten dem Festival schließlich eine professionelle Aufbauphase durch einen Fünfjahresvertrag. Allerdings schleppten wir von der Kulturabteilung aufgebürdete Kooperationen und Projekte mit, die wir anteilig finanzieren mussten. Wir wurden mit dem Niederösterreichischen Theatersommer zwangsverheiratet, und die Donaufestival GesmbH sollte durch ihr Know-how zu deren Glück beitragen – was von den Veranstaltern des Theatersommers gar nicht erwünscht war.

Wir finanzierten also in die Produktionen in Amstetten, Reichenau, Retz, Hainburg. Man hatte das Gefühl, dass einige im Land kein mündiges Festival wollten, das sich in eine von ihm selbst bestimmte Richtung entwickeln kann. 50 Prozent unserer Zeit gingen in die Beilegung der ewigen Querelen, die von der Kulturabteilung kamen, wo sich besonders ein Geist hervortat, der sich über das Können und das Glück anderer scheinbar nicht freuen konnte. So gab es also eine doppelte Sprache hinter den Kulissen auf der einen Seite und in der Öffentlichkeit auf der anderen. Unser neuer Vertrag machte aus zwei Geschäftsführern vollverantwortliche Vorstände. Programme und Budgets wurden viermal jährlich vom Aufsichtsrat durchbesprochen, doch selbst dann wusste der Geist seine Tarnkappe aufzusetzen und dazwischenzufunken. Aber es gab keine Zensur. Und Kultur ist stets auch Konfrontation mit Konkurrenz, Gesellschaft, Politik und Markt.

Niederösterreich ist eben anders. Man probierte, wie weit man mit Außenseitern gehen konnte. Noch bestimmten rote Minister die Kulturszene in Österreich, noch wollte man links progressiv überholen,

obwohl schon Sparstiftmaßnahmen einsetzten. Die Uraufführungen, Premieren, Werkschöpfungen – einfach das Salz in der Suppe von Theaterdirektoren, Intendanten und Kulturvermittlern – wurden in Frage gestellt. Im Übrigen ließ sich mit dem damaligen kulturverantwortlichen Hofrat Georg Schmitz immer ein für alle zufriedenstellender Weg finden.

Der Programmtext von 1993 liest sich wegen all dieser Unwegsamkeiten ein wenig holprig, nicht von Herzen kommend, obwohl uns die einzelnen Produktionen wichtig waren. 1993 zogen wir durch die niederösterreichischen Städte. »Klang sucht Raum« bedeutete, in brauchbare Veranstaltungsräume zu gehen und verärgert Geld nach Reichenau und sonst wohin abzugeben. Das schuf im Team und bei unseren Partnern viel Frust. Wir bewältigten aber auch diese Aufgabe und nahmen uns vor, uns auf 1994 zu freuen – auf das eigentliche Festival.

An drei Orten Niederösterreichs – in Baden, Mistelbach und St. Pölten – fand ein kleines, aber feines Donaufestival 1993 statt. Gespielt wurde in einer Operettensommerarena, in einem Kulturhaus, einer großen Betonhalle, in einem barockisierten Dom und in so genannten »Stadtsälen« mit dem Charme eines

Vlado Kreslin aus Slowenien in Mistelbach mit seiner Band, deren Durchschnittsalter 75 Jahre beträgt: »Stimmen über die Grenzen«.

Damals wie heute tourte Abbey Lincoln durch die internationale Festivalslandschaft mit Jazz, Gospel, Blues und African Music.

Leichenschauhauses. Doch wir machten das Beste daraus, denn Theaterhaus wurde in diesem Jahr keines errichtet und es wurden auch keine Zelte aufgestellt. Die Atmosphäre der vergangenen beiden Jahre fehlte naturgemäß – nicht nur aus Zeitnot. Wir wollten zeigen, wie unverzichtbar das Raumkonzept als dreidimensionales Element dieses Festivals war. Und wir mussten den einzelnen Produktionen eben eine andere Art der Aufmerksamkeit widmen. Dennoch blieben die Räume in Bewegung.

1993 war ein Musikfestival. Der musikalische Bogen spannte sich von Klassik zur zeitgenössischen Musik, zur Folklore, zum Jazz, zum Pop. Im Genre vom Oratorium zur Show, zum Musical, vom improvisierten Einzelvortrag zum Konzert, zur länderübergreifenden Begegnung von Kulturen und Stilen. Später gab es sogar einen Namen für diese »Musik ohne Grenzen«: Man nannte sie Crossover – wir hatten sie schon vor beinahe zehn Jahren im Programm.

Wir nannten damals unsere Programmpunkte, die sich diesem Thema widmeten, »Stimmen über die Grenzen«. Für uns bedeutete es, aus dem polyglotten Brennpunkt Donauraum die Stimme zu erheben als Aufschrei und Zusammenklang. Die Sache der Kunst

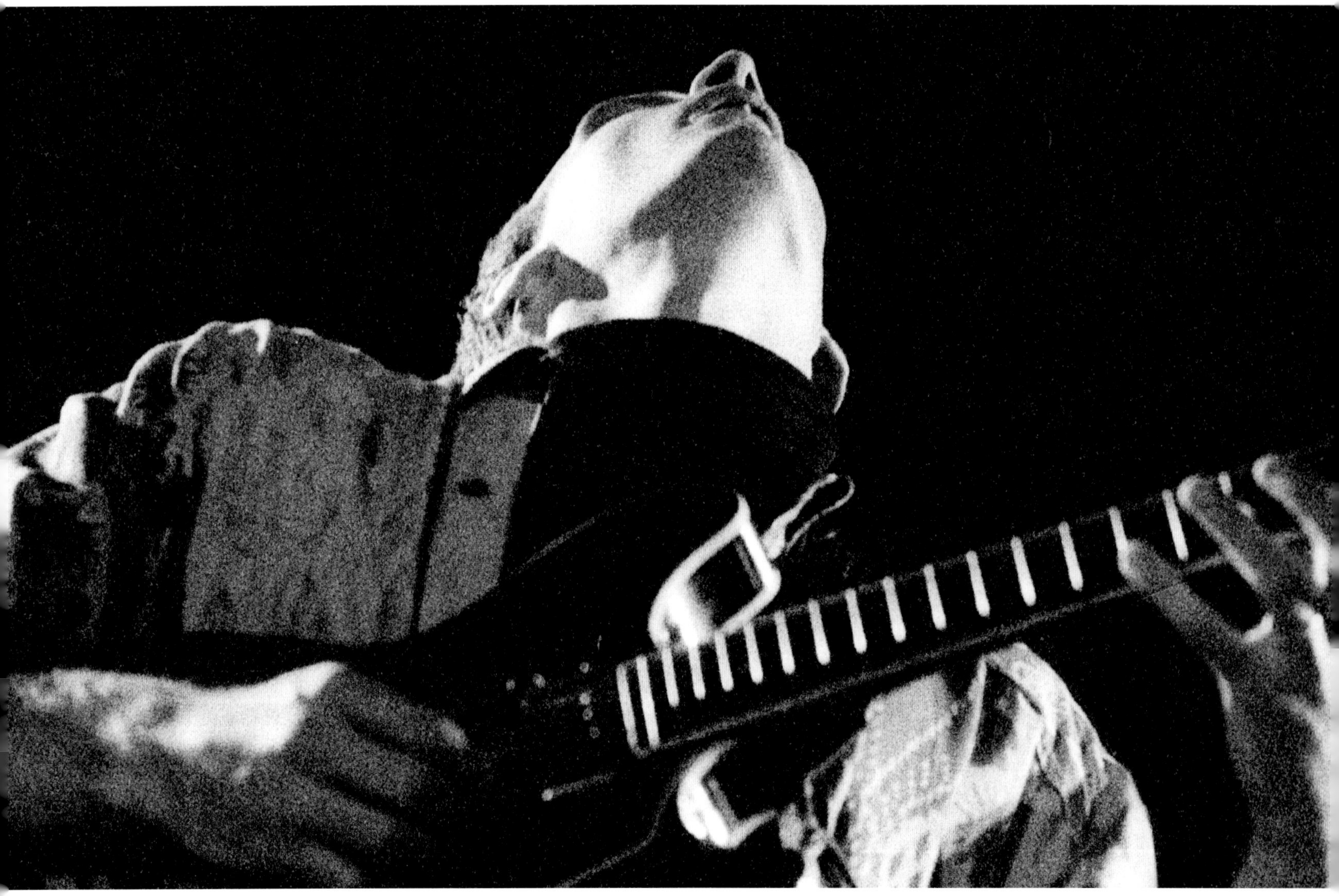

um der Kunst und unserer Kultur willen betreiben. Das war unsere Maxime. Künstler halfen uns, waren Wegbegleiter, aber genauso Brennspiegel unserer Intention. In ihnen fanden wir uns wieder und sie vielleicht ein bisschen in uns. Wir wurden ihre Freunde. Tatsächlich waren viele Kulturen vertreten: von Indien bis Spanien, von England und den USA nach Slowenien, Ungarn, Slowakei, Tschechien, Russland, Deutschland und Österreich. Immer wieder kam es zur Begegnung von Ost- und Westkünstlern.

Wir Kulturvermittler hatten etwas vor. Wir ließen uns dämpfen, aber das beflügelte zu neuen

Die britische Pianistin Joanna MacGregor kann ihre virtuosen Klassik-Interpretationen fließend auf Jazz- und Popauffassungen erweitern.

[links: Wolfgang Muthspiel]

Am Ende der Aufführung von Hellers »Magneten« regnete es Rosen. Sinti- und Roma-Musiker aus acht Ländern begeisterten mit Zigeunerliedern und -tänzen.

Kraftanstrengungen – uns zuliebe. Wir wollten selbst die Verursacher sein. Häufig kam Hilfe aus anderer Richtung – zum Beispiel von Künstlern wie André Heller. Damit hatte das kleine Festival die große Nummer gezogen: Wir erfuhren glücklicherweise rechtzeitig, dass André Heller in München im deutschen Theater eine neue Show herausbringen würde. Er ließ verlauten, diesmal nicht in Wien spielen zu wollen – aus welchen Gründen war nur Eingeweihten klar. Für uns bedeutete das: Start der großen Heller-Show für Österreich in St. Pölten!

Schon mit seinem 1970 entstandenen Lied »A Zigeina mecht i sein« gab Heller eine Liebeserklärung an das vielfach geschmähte Volk ab. Nur ein Klischee zeichnet ein positives Bild der Zigeuner, nämlich jenes, dass ihnen die Musik im Blut liege. Dabei wissen nur wenige, wie reich an Tradition, Mythen und Brauchtum die Geschichte der Roma und Sinti ist, die sie bis in unsere Zeit in ihren Liedern, Geschichten und Dichtungen als lebendiges Erbe mit sich tragen.

Mit dem in München uraufgeführten Programm breitete er schließlich das gesamte künstlerische Spektrum der Zigeunerkultur aus: »Die vulkanische Kultur der Sinti und Roma hat eine derart euphorisierende und einzigartige Anziehungskraft, dass es mir logisch erschien, die Show ›Magneten‹ zu nennen«, so Heller.

Wir fuhren also nach München und sahen im deutschen Theater die Premiere. Heller führte selbst Regie. Sinti und Roma aus verschiedenen Ländern musizierten virtuos, tanzten Flamenco, waren ein Feuerwerk an künstlerischem Ausdruck. Die Musiker blieben jeweils nach ihrem Auftritt auf der Bühne und verstärkten – im Halbkreis ums Geschehen sitzend – die Stimmung für die nächsten. Eine sehr wirksame und tief gehende Show mit einfachsten Mitteln.

Es fällt mir schwer, aus dem Ensemble Einzelne herauszuheben. Da wäre vielleicht Clementina Garcia Mengibar zu nennen, die Tragödin des spanischen Zigeunertanzes. Sie beherrscht ihren Körper so perfekt wie den Flamenco. Oder die Roma-Primadonna Esma Redjepova. Die glutvolle Stimme der üppigen Mazedonierin ließ wunderbare Saiten beim Zuhören anklingen. Besonders angetan war ich vom Zigeunertrio Loyko: zwei Geiger, ein Gitarrist.

»Magneten« lief ein halbes Jahr nach der Aufführung in St. Pölten einen ganzen Monat lang ausverkauft im Wiener Ronacher. Die Gruppe Loyko aus Russland wurde in der Folge oft von uns zum Donaufestival, zuletzt zum Native Festival ins Waldviertel eingeladen. Und andere wichtige österreichische Veranstaltungen wie die Menschenrechtsenquete in der Wiener Hofburg nahmen das Trio unter Vertrag.

Heller wurde bei einer Pressekonferenz gefragt, warum er gerade zu diesem Zeitpunkt, als die Ausländerproblematik zum heißen Eisen der Politik wurde, derartige Projekte machte. »Ich kenne keine Minderheit, die so sehr die Musik, den Tanz, das Singen in das Epizentrum ihres Trostes und ihres Jubels gestellt hat. Alles, was wir in dieser Unternehmung sehen, hören, spüren, ist lebendige Alltagskultur«, gab er damals zur Antwort. Fragen aufwerfen, zeigen, was die kulturellen Hintergründe der anderen sind, das war schon 1988 beim Wachauer Theaterfestival unser Anliegen. Mit der Präsentation der temperamentvollen Zigeunerkultur in der Halle des Veranstaltungszentrums (kurz: VAZ) in St. Pölten sollte ein weiterer Akzent gesetzt werden. Was aber immer deutlicher wurde: Niederösterreich braucht sein eigenes Festspielhaus. Das forderten wir vehement, war doch die Akustik in der riesigen VAZ-Halle so schlecht, dass sich Heller – obwohl er nicht nach St. Pölten kam – aus der Ferne darüber beschwerte.

Die meisten Gäste waren aus Wien angereist. Die Wiener Schickeria durfte sich Hellers Werkstatt diesmal in St. Pölten anschauen und erlebte ein Feuerwerk an Temperament, Musikalität und Multikultur. Groß war der Jubel, bezaubernd die Premierenfeier mit den Künstlern, die meinten, hier fühlten sie sich wohler als im kalten Deutschland. Wir waren beide Male total ausverkauft. Und wir hatten eine gute Presse: »Die Rasanz begeistert, ganz besonders jene der russi-

schen Vettern Sergej Erdenko und Oleg Ponomarev, die im grandiosen Dialog um die Wette fideln ... Gipsies, Cigany, Zingari, Gitanos ... Tabla, Gitarre, Geige ... Feuer der Begeisterung, das kein Pogrom zu löschen vermag«, schrieb beispielsweise Thomas Trenkler in der Wiener Tageszeitung »Der Standard«.

Der Kontrast zwischen dem Feuer an Temperament und Lebensfreude der »Magneten« in der sterilen Betonhalle und der wuchtigen Dramatik der Aufführungsreihe im Dom zu St. Pölten, dessen altehrwürdig barocke Formen und ästhetische Schwingungen den sensiblen Betrachter die Zeit vergessen ließen, konnte nicht krasser sein. Dirigent Peter Keuschnig präsentierte drei Kompositionen, die – alle aus dem Donauraum kommend – in einer aktuellen Kriegssituation über die Problematik des Krieges entstanden: Bohuslav Martinus »Feldmesse«, Gottfried von Einems Orchestersuite »Dantons Tod« und Zoltán Kodálys »Budvári Te Deum«.

Martinus »Feldmesse« wird mir unvergesslich bleiben, die betörende Vorahnung und der Beginn des Zweiten Weltkriegs ist in diesem Werk greifbar. Die »Pläne zur Vernichtung Europas begannen sich zu verwirklichen, und jeder Tag brachte die Bestätigung des

Donauraum-Festkonzert im Dom von St. Pölten: Der Komponist Gottfried von Einem im Gespräch.

Vlado Kreslin –

wer über 75 ist,

der lässt bestimmt

nichts anbrennen.

1 9 9 3

»Stimmen über die Grenzen« –
Greetje Bijma tritt in Konkurrenz mit
einer kalten Synthesizer-Welt.

1 9 9 3

»Bewohner der Weite,

Vertraute des Windes,

bunt wie Blüten,

flüchtig wie Düfte.«

[Aus einem Gedicht der Roma]

unglaublichen und allem Denken entfliehenden Kataklysmus«, notierte Martinu in seiner autobiographischen Skizze. Selbstredend, dass sich eine solche Stimmung auf das schöpferische Werk auswirkt. Am deutlichsten kommt dieser Zug nach den Worten des Martinu-Biographen Milos Safránek in der Ende des Jahres 1939 vollendeten »Feldmesse« zum Ausdruck, die die »Sehnsucht des Soldaten nach der Heimat« zum Thema hat. Die Komposition wurde zum Protest gegen den damals rezenten Krieg.

Die Aufführung der Orchestersuite Gottfried von Einems aus der Oper »Dantons Tod« brachte rührende Momente, als sich der Komponist persönlich im Dom bei den Musikern und Peter Keuschnig bedankte. Anschließend saß von Einem mit uns Stunden plaudernd und trinkend zusammen. »Die Oper wurde 1946 vollendet, der Nürnberger Prozess und viel persönliche Mühsal mögen manche Farbe geliehen haben«, erzählte uns der Komponist.

Zoltán Kodálys »Te Deum« wurde 1936 zum 250. Jahrestag der Befreiung Budapests von den Türken in Budapest uraufgeführt. Und auch hier wirkten kriegerische Auseinandersetzungen als Inspirationsquelle. Kodálys zweifellos »konzentriertestes Werk« (László Eösze) war ein ebenso wertvoller Beitrag zum Donauraumkonzert, dessen Internationalität sowohl durch die Werkwahl als auch durch die Interpreten gekennzeichnet war: Der als exquisiter Kenner der zeitgenössischen Musik ausgewiesene und aus Wien stammende Dirigent Peter Keuschnig, der für seine Wandlungsfähigkeit bekannte Prager Rundfunk- und Kammerchor und das Niederösterreichische Tonkünstlerorchester standen für den mitteleuropäischen Raum, die kanadische Sopranistin Adrianne Pieczonka und die aus den USA stammende Mezzosopranistin Janet Cobb hingegen für die westliche Hälfte der Welt. Nicht zu vergessen der Tenor Benedikt Kobel und der Bassist Robert Holzer, die nachwiesen, dass auch heimische Künstler hier zu Lande auf eine entsprechende Karriere setzen können. Alle waren offenbar besonders durch die Atmosphäre im barocken Dom motiviert. Festkonzerte in stimmigen Kirchen wurden von nun an zum fixen Bestandteil des Festivals: Avantgarde eingebettet in eine vielfältige Kultur-Landschaft.

Wer Grenzen begeht, sucht freie Räume. Deshalb präsentierten wir ebenfalls in St. Pölten – diesmal wiederum in den Stadtsälen aus den sechziger Jahren – drei Künstler als musikalische Grenzgänger zwischen E- und U-Musik: Wolfgang Muthspiel, Joanna MacGregor und Abbey Lincoln.

Der damals 27-jährige Wolfgang Muthspiel war der Legende Joe Zawinul nach Amerika gefolgt. Der junge Meister der Jazz-Gitarre war 1993 auf dem besten Weg zur Weltkarriere. Mittlerweile ist er aus keinem wichtigen Crossover-Event mehr wegzudenken. Bei »Klang sucht Raum« spielte er in St. Pölten als Uraufführung eine Auftragskomposition des Festivals. Muthspiel begann als klassischer Geiger, spielte schon sehr jung mit Orchestern zusammen und wechselte mit 15 zur Gitarre. »Irgendwann schien mir die klassische Gitarrenliteratur zu beschränkt. Man kann ja mit dem wirklich guten Repertoire nicht mehr als zwei Platten aufnehmen. Deshalb habe ich mich schließlich für den Jazz entschieden«, meinte Muthspiel. Als klassischer Solist hatte er Preise gewonnen. Als Jazzer spielte er mit Leuten wie Peter Erskine, John Patitucci, Don Alias, Bob Berg, Mick Godrick und Paul Motian.

Abbey Lincoln, die einst als Black Beauty in Hollywood-Filmen der fünfziger und sechziger Jahre beliebt war, startete ihre Gesangskarriere mit Jazz, Gospel, Blues und African Music. Damals, am Höhepunkt ihrer Karriere, feierte sie die Kritik als legitime Nachfolgerin der legendären Billie Holiday. Doch schließlich sah sie sich als Sängerin, Textdichterin und Komponistin. »Es ist alles ein und dasselbe. Und wenn du dich in einer Fähigkeit entwickelst, dann machst du auch in den anderen Bereichen Fortschritte«, so Abbey Lincoln.

Die Britin Joanna MacGregor hatte an der Royal Academy of Music in London studiert und damals bereits mit allen großen Orchestern gespielt. Dabei ist ihr nicht nur die alte Musik des klassischen und romantischen Repertoires geläufig, sie ist auch passio-

Das russische Zigeunertrio Loyko – Glanzpunkt von Hellers »Magneten« – begeisterte mit Virtuosität und Rasanz.

nierte Interpretin zeitgenössischer Musik. Wer sie hörte, spürte das. Ich begegnete ihr erstmals in der Barbican-Hall in London. Sie spielte Klassikinterpretationen und ging lückenlos in Jazz- und Popauffassungen über – in ihrem ganz spezifischen Stil. Ich wartete in der Künstlergarderobe eine volle Stunde, bis ich an die Reihe kam und sie und ihren Manager zu einem Gastspiel beim Donaufestival im Juni 1993 überreden konnte. Sie reiste dann von ihrem eigenen, fünftägigen Festival direkt nach St. Pölten.

Wir verschrieben uns generell und mit Haut und Haar dem besonderen, individuellen Ereignis. Und standen zu unseren Produktionen. Wir waren internationale Chauvis und bekamen Dank und Liebe zurück. Unser Netz hielt. Auch die Energie, die Kraft, die Geduld mit uns selbst.

»Broadlahn«

Gefordert wurde vom Hörer,

dass er zuhört. Heraushört.

Lauscht. Belauscht.

Sich von Tönen erfüllen lässt.

Über die Grenzen.

Und wir luden weitere musikalische Grenzgänger in den Stadtsaal nach Mistelbach: »Broadlahn« – fünf Musiker, jeder für sich ein Erlebnis; gemeinsam ein faszinierendes Stimmengewirr. Die Pioniere der neuen österreichischen Volksmusik waren 1993 am Höhepunkt ihres Schaffens. Das Sextett mit Volksmusik, die swingen darf, verband Töne mit Intelligenz, Witz und Geschmack. »Broadlahn« ist ein Mundartausdruck für breite Lawine. Die Besetzung damals: Philipp Rottenstein (Gesang, Gitarre, Mandoline, Geige); Reinhard Grube (Saxophon, Klarinette, Querflöte); Reinhard Ziegelhofer (Bass); Franz Schmuck (Percussion, Marimba); Josef Ofner (Gesang, Gitarre); Ernst Huber (Komposition, Texte, Gesang, Gitarre, Schwegel). Gefordert wurde vom Hörer, dass er zuhört, heraushört. Lauscht. Belauscht. Sich von Tönen erfüllen lässt und über musikalische Grenzen mitgeht. Ob Jazzen, Rocken, Jodeln oder Koloraturen-Phrasieren: gemeinsam ist »Broadlahn« der musikalische Weltempfänger. Als die Gruppe sechs Jahre später im Waldviertel bei unserem Native Festival auftrat, waren ihre Mitglieder schon Ahnväter der »neuen Volxmusik«.

Die Reisen durch Osteuropa brachten so wertvolle Ensembles wie das des Slowenen Vlado Kreslin, dessen Musiker teilweise schon über 80 waren, nach Niederösterreich. Kreslin ist der bekannteste Sänger Sloweniens. Er ist ein Suchender, der die musikalischen Wurzeln seiner Heimat ausfindig macht und sammelt. Der Vergleich mit Dr. Kurt Ostbahn ist durchaus gestattet. Die Band, die er zusammengestellt hat, besteht aus alten Hasen, den jungen Zuhörern blies sie den Marsch. Denn wer über 75 ist, der lässt bestimmt nichts anbrennen.

Iva Bittová – tschechischer Avantgardeexport mit Geige, Stimme und Mikro, der Rest ist ihr Multitalent – war uns eine Vertraute geworden, auch wenn man sie kaum erreichte, weil sie ständig unterwegs war und man sie nie fand. Man freute sich dann doppelt auf die schräge Komponistin, Virtuosin und Pendlerin zwischen Trebon und New York. Bittová setzte auf Reduktion, Askese, Kammermusik und erlangte gerade daraus eine ganz spezifische Wirkung und Faszination. Sie hatte etwas, das selten geworden ist im Musikbusiness: Profil, Individualität und Unverwechselbarkeit. In ihrer Musik findet man bei aller Avantgarde auch Folklore, Minimal-Music-Anklänge und natürlich Improvisationen.

Greetje Bijma aus Holland war für uns die große Stimmentdeckung: Emotionen, Singen, Schreien, Zirpen. Und das in Mistelbach. Als sie auf die Bühne kam und sang, wähnte man sich in einem Science-Fiction-Musical. Mit ihren Stimmbändern und den Resonanzräumen ihres Körpers wurde sie zur europäischen Jazzattraktion zwischen Meredith Monk, Lauren Newton, Laurie Anderson und Magie Nicols.

Gil Scott Heron kommt aus Chikago und schrieb schon als Kind Kriminalromane. Seit Ende der sechziger Jahre ist Heron aber vor allem Sänger – ein Meister vertonter, zorniger Poesie. Er lässt sich gerne von jazziger und funkiger Musik geleiten. Seine Themen sind die Entwurzelung der amerikanischen Ureinwohner und der Medien-Overkill. Wie hatten ihn 1993 unter Vertrag – er verpasste leider sein Flugzeug.

In Amstetten hatte Heinz Ehrenfreund im Rahmen der Amstettner Sommerspiele sein Publikum auf Musical eingestellt. 1993 kam es zu einer Koproduk-

ER DIE GR
reetja Bijma – Vla Kre

tion mit dem Donaufestival: »Dynamo Donau Blues« nannte sich das schräge »Bluesical« nach dem Text von Günter Brödl und Helmut Polixa. In den Hauptrollen traten damals Hansi Lang und Bernhard Trabitsch auf, die Gruppe »The Untouchables« sorgte für den Blues. Die Hits – von »Peter Gunn« über »Everybody Needs Somebody To Love« und »Minnie The Moocher« bis hin zum »Jailhouse Rock« – kamen allesamt aus den sechziger und siebziger Jahren. Was einst Oma und Opa ärgerte und Mama und Papa begeisterte, turnte auch noch die Jungen an. Die Handlung blieb nebensächlich. Es ging um einen Fußballverein im Westen Niederösterreichs, der wegen seines stetigen Abstiegs in der Liga durch einen Baulöwen vom Platz geblasen werden soll. Erfolgreich kämpfen die Kicker gegen das Vorhaben und machen Musik beim Spiel der »Dynamo Donau«-Elf – um die Stimmung bei den Zuschauern zu heben.

Ein wirklich breites Spektrum an Musikerlebnissen also für unser Publikum, das wir dazu einluden, die Ohren zu spitzen und in gewohnte wie ungewöhnliche Klangsphären vorzudringen. Künstler aus 16 Ländern gaben dazu fantasievollen Anstoß. Auch eine Produktion für Kinder in Baden gehörte dazu.

Kinder an die Macht: Das Musical »Lisa und die Frösche« von Lauber/ Katt/Schindlecker.

Die Sommerarena Baden

öffnet sich der

Kinder- und Jugendkultur.

1993

Schade, dass sich in Österreich immer noch zu wenige für Kinder- und Jugendtheater begeistern.

Das österreichische Kindermusical wurde erst über das Ausland organisiert. Elmar Ottenthal hatte im Theater an der Wien gearbeitet und miterlebt, wie das Projekt von Arthur Lauber, Friedemann Katt und Fritz Schindlecker »Lisa und die Frösche« – ein kritisches Kindermusical über den heutigen Zustand unserer Umwelt – nicht zustande kam. Als Ottenthal Intendant in Aachen wurde, war die Zeit reif, den Stoff herauszubringen. Da das Donaufestival es finanziell allein nicht produzieren konnte und uns ein Hausensemble ebenso wenig wie ein großes Theater zur Verfügung stand, kam es zu einer Koproduktion mit dem Staatstheater Aachen. Unter der Regie von Ludwig Kaschke legte das Aachener Ensemble in der Sommerarena Baden eine bemerkenswerte Leistung vor.

Die Story ist schnell erzählt: Fernab von den lauten Städten der Menschen lebt an einem Teich ein lustiges Froschvolk in einer glücklichen Dorfgemeinschaft ein recht entspanntes, beschauliches Leben. Doch eines Tages gerät die kleine Froschwelt aus dem Gleichgewicht: Lisa, ein junges Mädchen, das oft und gern am Rand des Teiches sitzt und träumt, betritt durch die »Kraft der Fantasie« diesen Mikrokosmos. Sie sieht sehr bald nur noch ein Ziel: Wenn einer dieser Frösche ein verzauberter Prinz wäre, dann könnte sie Prinzessin sein und sich alle Wünsche erfüllen. Sie schreckt jedoch davor zurück, einen Frosch zu küssen, und entflieht zunächst in ihre eigene Wirklichkeit.

Als Lisa ein zweites Mal zum Froschteich kommt, trifft sie »Kraft des Traumes« einen orientalischen Froschprinzen, der sie scheinbar zur Prinzessin macht und ihr die Erfüllung aller ihrer Wünsche mithilfe einer goldenen Zauberkugel in Aussicht stellt. Sie wünscht sich alle denkbaren Konsumgüter herbei; jedoch bleiben ihre Wünsche unerfüllt. Enttäuscht von der Welt der Fantasie, spricht Lisa im Zorn den Wunsch aus, der Teich möge verschwinden.

Es dauert nicht lang, bis das Wasser des Teiches sinkt und die heile Froschwelt einer großen Gefahr ausgesetzt ist. Die Frösche erkennen schnell, dass nur Lisa sie von dem Unheil erlösen kann. Mithilfe einer alten weisen Unke gelingt es den Fröschen, sie erneut zum Teich zu bestellen. Hier sieht Lisa, welches Unglück sie durch ihre Verwünschung angerichtet hat: Die Blumen und Gräser der Teichlandschaft sind verwelkt, das ehemals lustige Volk der Frösche wirkt apathisch, ängstlich und deprimiert. Die Zauberkugel könnte Lisa die Macht geben, den Teich und die Frösche zu retten. Ob Lisa die Magie wird wecken können?

Ganz zahm waren wir geworden und taten etwas für die Kinder- und Jugendtheaterszene. Ein liebenswertes, talentiertes, jugendliches Ensemble aus Aachen, ein schönes Bühnenbild, spannende und schöne Musik und praktisch nur ausverkaufte Vorstellungen bleiben in Erinnerung.

Geschrieben hat »Lisa und die Frösche« der Tullner Fritz Schindlecker, der sich als Texter von Kabarettnummern für Lukas Resetarits und Erwin Steinhauer ebenso einen Namen machte wie als Autor für Musikshows und Revuen. Die Musik stammte von Arthur Lauber, der als Komponist des Wiener Erfolgsmusicals »Schabernack« bekannt wurde, und von Friedemann Katt, der als Renaissance-Komponist Franz Xaver Fränzel sogar die Fachwelt täuschen konnte und dessen Fantasy-Oper »Merlin« im St. Pöltner Stadttheater aufgeführt wurde.

»Lisa und die Frösche« wurde von Kindern und Schulklassen gern besucht. Lothar Lohs schrieb damals im »Standard«: »Geglückte Uraufführung eines Kindermusicals beim Donaufestival-Quakfinale furioso! Eine prächtige Ensembleleistung. Die Herzen der Badener Kinder wurden im Sturm genommen.« Sonst hielten sich die Medien bedeckt. Damals gab es keine wirkliche Musicallobby – wir spielten trotzdem ein Musical, weil wir neue Wege gehen und nichts und niemanden ausschließen wollten. Schade, dass sich in Österreich die großen Häuser immer noch viel zu wenig für Kinder- und Jugendtheater begeistern.

Die Stadt Baden stand voll hinter dem Projekt und animierte Schulklassen aus dem gesamten Bezirk, in die Sommerarena zu kommen. Uns wurden zwei angenehme Wochen zuteil, die wir gemeinsam

1 9 9 3

mit den Künstlern und verständnisvollen Menschen wie dem sangesfreudigen Bürgermeister August Breininger im ruhigen Baden und seiner erholsamen Umgebung verbringen durften.

Dennoch: Die übrige Zeit waren meine Mitarbeiter und ich über das ganze Land verstreut. Krems fehlte uns in diesem Jahr, denn das Festival hatte kein Zentrum, keine Verdichtung. Das machte die Kremser nachdenklich und man beschloss, uns für die Zukunft ein Kooperationsangebot zu unterbreiten. Es gab auch keinen fixen Platz, wo wir allabendlich nach den Vorstellungen mit den Künstlern, dem Publikum oder den Journalisten zusammentreffen konnten. Es kam auch erstmals so etwas wie Lagerkoller bei einigen Mitarbeitern auf.

Die Presse kannte sich in diesem Jahr mit uns nicht so recht aus. Zu viel Widersprüchliches wurde durch Aussagen anderer transportiert. Mal koppelte man uns an den Theatersommer an, dann wurden wir zum Rumpffestival degradiert, falsche Zahlen schwirrten durch den Raum, oder Aussagen wie: »Alf Krauliz durfte sich im Wohlwollen des Landeshauptmanns sonnen.« Für mich zählte der besondere Kunstgenuss, der künstlerische Weg, das Experiment.

Weil im Vergleich zum Festival 1992 die wenigen Veranstaltungen Zeit für Vorausplanungen ließen, reisten und korrespondierten wir viel und verfolgten die Entwicklung der Tanz- und Theaterszene im Hinblick auf die nächsten Jahre. Wir vermieden die Wege, die die Wiener Festwochen gingen, und lockten mit exemplarischen, eventähnlichen Arbeiten nach Niederösterreich. Eine aufbauende Trilogie vom Musikfestival 1993 sollte zu einem Tanz- und Theaterereignis 1994 führen, das 1995 wieder als Mehrspartenfestival in den wichtigsten Städten an der Donau stattfinden sollte. Die Reihe Donaufestival »Off-Line«, die ganzjährig Donaufestivalskultur ins Land tragen sollte, war ebenso im Entstehen wie die eigene Zeitschrift, das »Donau-Magazins«, die die Festivalsphilosophie transportierte.

Den Dialog mit den heimischen Schaffenden fortsetzen, im Land ungewöhnliche Veranstaltungsakzente setzen und zu einer neuen kulturellen Identität beitragen – das blieb unser Ziel. Aus dem polyglotten Brennpunkt Donauraum die Stimmen erheben – über die Grenzen – als »Aufschrei und Zusammenklang«. Wir brachten Menschen in Bewegung, Künstler wie Publikum. Der kulturelle Diskurs über politische, ethnische und soziale Grenzen hinweg, der künstlerische und geistige Austausch mit fremden Kulturen und unseren Nachbarstaaten wurde auch in diesem Jahr auf internationaler Ebene geführt.

Die Bewegung der Künstler über geistige und nationale Grenzen hinweg war ein wichtiges Signal des Donaufestivals 1993. Es sollte als Kraftquelle und geistig-kreative Stütze für den turbulenten Selbstfindungsprozess eines neuen Europa dienen, das sich nicht gegen den Rest der Welt isolieren darf. Das Vorzeigen einer viel versprechenden multikulturellen Aufbruchsstimmung, die stärker denn je Kunst und Künstler als Vorreiter der Gesellschaft aufwies, war eine wichtige Botschaft.

Was mich damals fassungslos machte, war, dass sich engagierte Kunst immer häufiger rechtfertigen und erklären musste. Denn ich bin der Meinung, dass wir alle die Gegenwelt Kultur so dringend brauchen wie ein Stück Brot. Wir müssen versuchen zu erreichen, dass die Begabten nicht entsetzt Österreich den Rücken kehren. Und Lorbeeren kann man sich nicht durch Verhinderung verdienen, nicht einmal als Gesit. Dennoch: In der Geschichte bleibt letztendlich der Künstler mit seinem Werk verewigt – und manchmal sogar der Mäzen.

Das kleine Festival 1993 diente als Grundlage für den von der Landesregierung gewünschten Zweijahreszyklus. Wir verzeichneten eine 82-prozentige Besucherauslastung an den drei Festival-Orten Baden, St. Pölten und Mistelbach.

Das Trio Loyko lebt zwischen Russland, Irland und dem Donaufestival.

Klang

Klang

Klang

Festkultur im Retzer Land	Märchen, Mythen, Sagen	01. 06.
Lauber/Katt/Schindlecker	Lisa und die Frösche	12. 06.
Broadlahn	Stimmen über die Grenzen	19. 06.
Iva Bittová	Stimmen über die Grenzen	19. 06.
Vlado Kreslin	Stimmen über die Grenzen	19. 06.
Greetje Bijma	Stimmen über die Grenzen	19. 06.
	Historischer Markt, Hainburg	20. 06.
NÖ Tonkünstlerorchester	Donauraum-Festkonzert	23. 06.
Bohuslav Martinu	Feldmesse	
Gottfried von Einem	Orchestersuite op. 6a	
Zoltán Kodály	Budvári Te Deum	
Wolfgang Muthspiel & Group		
Joanna MacGregor		
Abbey Lincoln Quartet	Annoying Developments	30. 06.

1993 Programm

sucht Raum

André Heller	Magneten	**04. 07.**
Dynamo Donau Blues	Das Bluesical Buch: Günter Brödl Musik: Hansi Lang Bernhard Rabitsch Patricia Simpson Heinz Ehrenfreund Barbara Spitz u. v. a.	**07. 07.**

Veranstaltungen in Zusammenarbeit mit dem Donaufestival:

Vollmondfest, Schloss Schrattenthal	**03. 07.**
Historisches Stationentheater, Hardegg	**03. 07.**
Kunst und Künstler in Reichenau	**15. 07.**
Burgfest, Ruine Kaja	**24. 08.**
Märchentheater in Retz	**23. 09.**
Wissenschaftliches Märchensymposion	**23. 09.**

1994

Mythos DonauRaum

Bulgarien

Das Modell des künftigen Donaufestivals entsteht mit seinen Schwerpunkten »Wachauer Theaterfestival« in Krems und »JuniTanz St. Pölten«. Neue Areale wie »Theater im Depot« vergrößern den Avantgardebereich.
Theaterzirkus wird zum fixen Festivalsbestandteil.
Das Donaufestival wird zum durchinszenierten Theaterfestival.
1994 beginnt die Serie »Mythos Donauraum« mit Bulgarien und die Reise die Donau hinunter. Der Captain tritt erstmals auf.

[Solotanz Andrea Ladányi]

1 9 9 4

Iwan Kulekov:

»Ich ersticke in Kompromissen.

Das Schlimmste wäre,

wenn ich

lebend da raus käme.«

[rechts: Lilli Marilli]

Mythos DonauRaum Bulgarien

»Was mich am meisten an der derzeitigen EU-Debatte stört, ist die Geschichtslosigkeit diverser Anti-Argumente«, ärgerte sich der Kulturpublizist Hans Magenschab. Was damals an Emotionellem in die Politik investiert wurde, war die Anstrengung wert: Im Juni fand die Volksabstimmung über den Beitritt Österreichs zur Europäischen Union statt, die ja bekanntlich mit einem fulminanten Erfolg für die Befürworter endete. Skeptisch stimmt mich, dass der oben zitierte Satz zwar aus dem Jahr 1994 stammt, aber genauso gut in einem Magazin des Jahres 2002 stehen könnte, in dem es um die derzeitige Debatte zur Erweiterung der Union geht. Damals waren Geduld und Beharrlichkeit die Tugenden des österreichischen Außenministeriums, als es darum ging, der Bevölkerung die Vorteile eines größeren Wirtschaftsraumes für das kleine Binnenland schmackhaft zu machen. Und sobald der Sprung ins vorgewärmte Wasser getan war, verging auch schon der Gemeinsinn. Denn als Mitglied der EU schien den Bürgern der Alpenrepublik jene Zugehörigkeit zur westlichen Hälfte Europas gelungen zu sein, die unter der 700-jährigen Habsburger-Herrschaft – trotz größter Anstrengungen – so niemals gelang. Doch Österreich – und noch mehr Niederösterreich – gehört zum Kern des Kontinents, zu Mitteleuropa, zum Donauraum (abgesehen davon, dass der Balkan in Salzburg beginnt).

Wir bekannten uns zu dieser zentralen Lage. Deshalb machte ein Festival, das den Namen des größten europäischen Flusses trägt, es sich zur Aufgabe, Länder und Kulturen, die geografisch und historisch zum Donauraum gehören, inhaltlich zu erforschen, wissenschaftlich zu beleuchten und kulturell zu präsentieren. Wenn wir uns von der mitteleuropäischen Position den Ländern Osteuropas nähern, sollten wir nie vergessen, dass eine österreichische (und europäische) Kultur ohne eine sich ständig weiterentwickelnde Kultur der osteuropäischen Länder nicht vorstellbar ist. 1994 geschah also etwas Neues. Wir holten uns Kraft und Stil aus Südosteuropa und widmeten uns Bulgarien, das eine sehr früh besiedelte Donauregion einschließt und uralte Kulturschätze vorzuweisen hat. Das wechselhafte Schicksal des Landes und die spannende Auseinandersetzung der Künstler mit der Geschichte ihrer Heimat machten einen lebendigen Kulturaustausch zum Muss, der ohne Spurensuche vor Ort nicht funktionierte. Die Lust zu »Expeditionen« wurde also einerseits verständlich durch den Abenteuerhunger eines jungen Festivalteams und andererseits gerechtfertigt durch die mitteleuropäische Lage des Landes Niederösterreich. »Mythos Donauraum – Bulgarien« bedeutete demnach für das NÖ Donaufestival das Aufzeigen von Tendenzen, Aspekten und Farben des heutigen Bulgarien im Spannungsbereich zwischen Tradition und Moderne.

Ich wollte eindringen in dieses Wesen Fluss, in die Länder, die an ihm liegen, und lud mich beim bulgarischen Kulturattaché, Lili Ratscheva – sie ist übrigens eine in Bulgarien hochverehrte Dichterin – in die Wiener Botschaft ein. Sie stellte die Kontakte zur Kulturszene in Sofia für mich her. Das war der Start für »Mythos Donauraum«, ein mehrjähriges Projekt, das sich in den darauf folgenden Jahren Richtung Südost genauso wie »Zu den Quellen« bewegte – donauauf, donauab, zum Delta und retour. Eine fantastische und tatsächliche Reise begann. Eine Reise durch den Kopf, durch Länder, Landschaften, Kulturen und zu vielen unverzichtbaren Begegnungen, Gesprächen, Arbeitsprozessen, zu Menschen.

Auf meinen Reisen begegnete ich bei der Suche nach Repräsentanten des kulturellen Geschehens des jeweiligen Landes stets den unterschiedlichsten Ansätzen. Ich hörte in Sofia herrliche orthodoxe Kirchenmusik des »Orthodox Ansambl«, besuchte die »Arabesque Ballet Company«, die surreale Theatergruppe Elisaveta Bam, traf den virtuosen Panflötenspieler Teodossi Spassov und die Volksmusikkünstlerin Yanka Rupkina. Sie alle kamen in mein Vormerkbüchlein – auch die Malerin Manja Vapcarova und ihre byzantinisch-futuristischen Ölbilder. Und ich nahm Theaterplakate aus dem Osten mit wie Treibgut auf der Donau.

Ich fuhr noch ein zweites Mal – diesmal für eine Dokumentation des österreichischen Fernsehens, das mich mitnahm – nach Sofia, das »Paris des Ostens«. Dort lebten hochkünstlerische Menschen im Gefühl der neuen Freiheit, und ich »genoss« die neue Klassengesellschaft Bulgariens: Neueste teure Autos fuhren durch die Boulevards aus der kommunistischen Ära, dahinter die Skyline der Fertigteilkisten, und in der Disco gab man für einen Drink den Wochenlohn eines Arbeiters aus. Als die Dokumentation allerdings im ORF ausgestrahlt wurde, konnte ich sie nur kopfschüttelnd zur Kenntnis nehmen. Mit einer so oberflächlichen Arbeit wäre man bei der Aufnahmsprüfung für die Sofioter Filmakademie durchgefallen.

Weitere Fahrten durch den südosteuropäischen Raum brachten mir wertvolle Begegnungen: Bei einer Reise nach Kiew traf ich den holländischen Künstleragenten Peter Ultee. Er war mit 30 holländischen Operndirektoren unterwegs und wollte gerade die Kiewer Oper kaufen, abtragen und nach Holland verschiffen – weil er kein Ostbier vertrug. Daraus wurde ein Gastspiel beim Donaufestival 1995.

Später begegnete ich Stoimen Stoilov, der zehn Jahre lang Leiter der Grafikbiennale in Varna war, jetzt

Josef Hader – ganz privat: Kabarett im Spiegelzelt im Stadtpark in Krems.

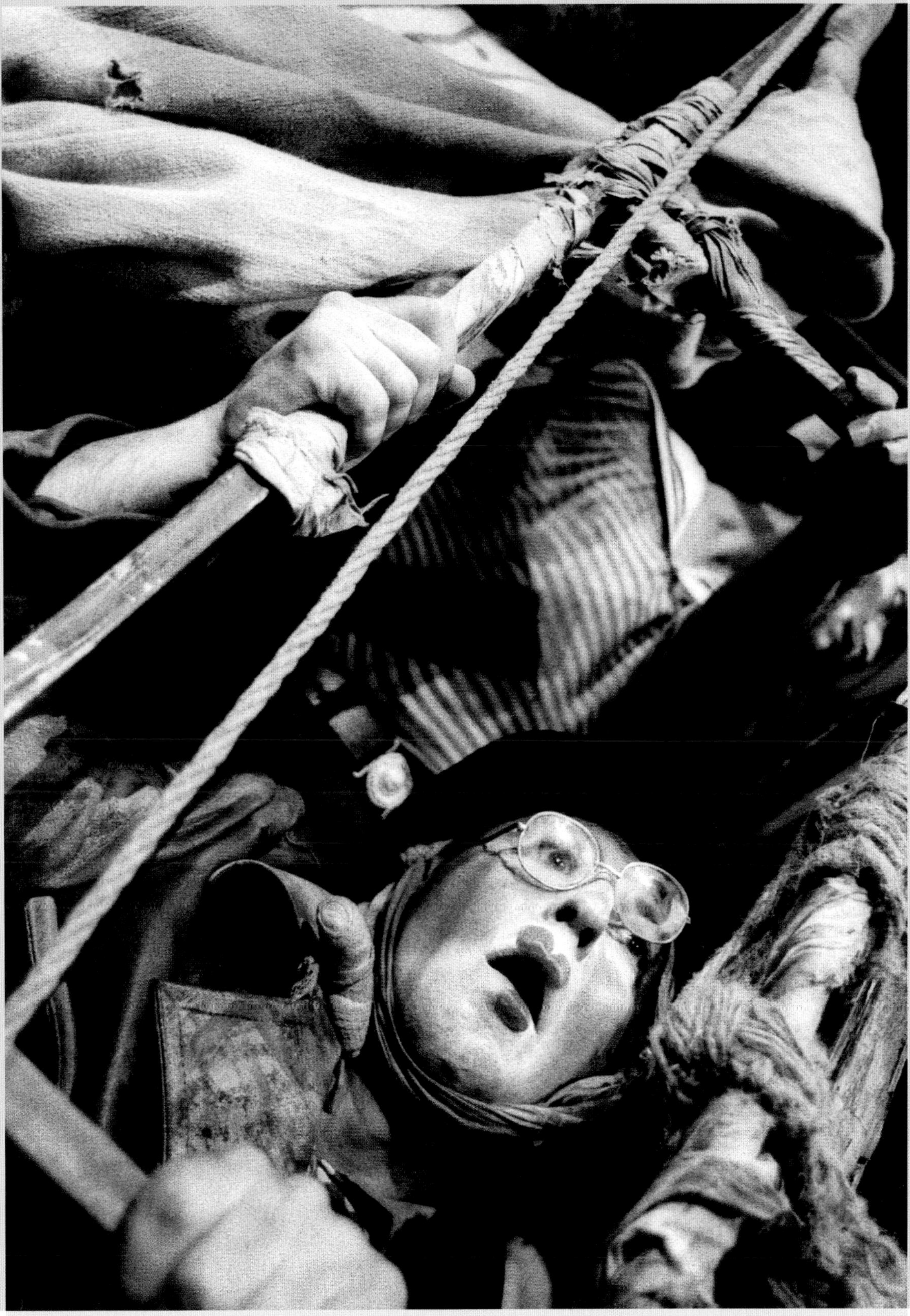

Elisaveta Bam –
surreal-fantastische Theaterkompagnie aus Sofia
im Theater im Depot
in Krems.

1 9 9 4

in Wien lebt und feinsinnige, byzantinische Kunst hierher brachte. Von diesem Zeitpunkt an gestaltete der fantasievolle Künstler drei Jahre lang Plakate und Logos für das Donaufestival. Sein erstes Plakat, das er für uns anfertigte, ist eine Zeitreise mit allegorischen Figuren und surrealen Gedanken in einer hyperrealen Welt. Das Transportmittel, der Donaufisch, trägt auf seinem Rücken die Musen des Festivals: Tanzbein, Spiegelmaske und Musikherz. Meine Kopfreise im Tandem mit Stoimen Stoilov führte uns durch die Welten der südosteuropäische Kunst. Daraus entstanden viele Festivalsplakate, manche blieben im Depot.

Apropos: Wir bauten ein Theater im Depot. Karen Schmitzberger empfahl uns eine ehemalige Fabrikshalle im Areal von Alt & Wösendorfer in Krems.

Auf einer anderen Reise saß ich mit Beate Scholz in Berlin und lauschte Max Raabe, wie er dem »bewegten Mann« Kraft gibt: »Kein Schwein ruft mich an ...« – die Hoffnung späterer Schwiegermütter wurde nicht belohnt. Ob der Troubadour auch in Krems standhaft bleiben würde? Ich weiß nur, dass er höchstens für Zarah schwach werden kann. Jedenfalls gab er uns einen Vorgeschmack auf das Programm des Jahres 1995, in dem er dann im Spiegelzelt auftrat.

Der Captain
hat seinen Spind vollgepflastert mit surrealen Gedanken
und Bildern. In diesem Jahr werden die Maler an Bord kommen und
Krems wird eine einzige Galerie, ein Kunstpfad werden.
Er legt ab und kommt mit der Nachtluft in Bulgarien an.
Hier gibt es noch kryptisches Theater – von Dichtern geschrieben.
Dann fischt er noch einige gute Vorsätze und Vorbehalte
der recht satten westlicheren Länder samt Präpotenz ans Tageslicht.
Weiters gefunden:
eine Wickelhose von Elias Canetti, alte Aktien der DDSG und
16 eingelegte Diplomatenlächeln im Glasl.
Dem Captain geht es gut. Er fischt.
Und immer, wenn er fischt, wird das Festival gut.

»Kultur ist schön, macht aber viel Arbeit!« – wusste schon Karl Valentin. Freilich, eines war uns klar: Von selber geht gar nichts. Wir waren ein junger unberechenbarer Kulturbetrieb, der Energie hatte und nicht so sehr auf Events setzte – es durfte für uns fantasmagorisch zugehen. Wir wollten uns zunächst in den eigenen Fantasien verlieren, etwas erschaffen und den Hammer erst unmittelbar vor Beginn des Festivals niederlegen. Konkret arbeiteten wir am Konzept unserer eigenen Zeitung, dem »Donaumagazin«. Es erschien erstmals im März 1994 und sollte bis Mai 2000 existieren. Wir befassten uns in zahlreichen Beiträgen bekannter Autoren mit Kulturerscheinungen, Kulturpartnern, den eigenen Programmphilosophien und

darüber hinaus Gehendem. Anita Prammer als Chefredakteurin betreute das Blatt mit viel Witz, Charme und Professionalität.

Auch der literarische Club Cosmopol erblickte das Licht der Festivals-Welt, und die »Donaufestival-Off-Line«, die von nun an durch Niederösterreich tourte, setzte das Engagement in den Vierteln des Landes fort. Die Inspirationen kamen aus ganz Europa: Das Donaufestival wurde zum »Melting Pot«. Deshalb gab es kaum Zeit zum Nachdenken für ein paar Eröffnungsworte – die mussten von selbst kommen, und ich improvisierte. Wir wollten weiterhin für mentale Frischluft sorgen – über alle Grenzen hinweg. Wir sahen im Kulturtransfer eine Möglichkeit, unseren eigenen Wurzeln im Fremden nachzuspüren und der kosmopolitischen Utopie einen Schritt weiterzuhelfen.

Gute Stimmung machen, gegen Geister und Kapitäne der Konkurrenz Verbündete suchen – auch das war Teil meiner Aufgabe. Und keine leichte. Ich ging zu Helmut Alt, um mich auch einmal trösten zu lassen. Der hat uns seine leere Fabrikshalle geöffnet. Fürs Festival. Und die einquartierten Bosnier halfen, ein Theater einzubauen. Helmut stellte am Abend, bevor es losging, einen Heurigentisch in den Hof und schenkte für alle aus. Darum war auch dieses Theater im Depot von der Aura her so charismatisch. Später wurden an dieser Stelle das Karikaturmuseum, das Literaturhaus und die Ateliers der Kunsthalle errichtet – weil Kultur gerade hier funktioniert. Der richtige Ort.

1994 sollte ein schönes, in Ruhe konzipiertes Festival werden. »Räume in Bewegung« fanden diesmal in den Bereichen Theater, Tanz, Kleinkunst und Literatur statt. Der Poetische Zirkus bekam seinen fixen Platz, die bildende Kunst zog ein. Zum »Wachauer Theaterfestival« kam in diesem Jahr der »JuniTanz St. Pölten« dazu. Künstlerische Aktionen in Krems verbanden neue Spielstätten und Bewährtes. Die Stadt wurde kulturell »unterwandert«, wurde zur Bühne zwischen mittelalterlichem Stadtkern, Stadtpark und Industriegelände für ein vielseitiges Spektakel, das ein Motto nach Peter Brooks trug: »Das Leben ist ein

Justus Neumann

1994

absurdes Lachen«. Von nun an waren die Donau und Krems ein viel besuchter Kulturstandort. Einmal im Jahr Theatermetropole mit Aufführungen in Zelten und Fabrikshallen, in Bars und Kellern. Die meisten Besucher blieben zwei bis drei Tage. Das Leben spielte sich im Stadtpark ab – im Beisldorf – und es herrschte eine andere Zeitqualität. Das Kremser Theatervirus war allgemein bekömmlich und sogar Aphrodisiakum für müde Wiener, für neugierige Landbewohner und aufstrebende Kleinstädter.

Es ging uns also darum, den Menschen Freude zu vermitteln, etwas zu schenken. Das gelang auch mit Kritischem, Provozierendem. Langeweile kam erst gar nicht auf, aber auch nicht pubertär-zeitgeistig aufgesetzte Berufsprovokation, wie sie einige ältere Semester in Wien vorlebten. Es durfte ver-rückt zugehen, und das Publikum erfreute sich an der Avantgarde. Und wir bekannten uns zu unserem Bewegungsfestival. Besucher, Künstler und Medien bewegten sich mit. Das sollte so bleiben.

Beim Betrachten des Stoilov-Plakats, das die Kultur-Reise mit dem Donau-Fisch symbolisiert, fuhr ich in Gedanken wieder die Donau hinunter und erlebte noch einmal die Harmonie, die Schönheit der

Naturlandschaft Wachau – jenes auserlesenen Kultur- und Landschaftsgebietes mitten zwischen Schwarzwald und Schwarzem Meer. Sie wurde mit dem Festival der Welt als lebendige Region präsentiert.

Wiedergeburt – elementarer Gedanken für Kunstsuchende, die sich an die Einsiedlerin Ava von Göttweig und den Laienbruder Hainrich von Melk erinnern, an Cranach, Kokoschka, die Venus von Willendorf oder an die Denkerin von Czernovoda in Thrakien. Kultur kommt aus dem Bauch, bis sie in Hallen für zig Millionen herzeigbar wird. Aber: Kunst ohne Provokation ist wie Schmiere knarrender Theatergespenster und verstylter Kuratoren und Intendanten.

Ein Landeshauptmann und drei Minister bei der Eröffnung des Donaufestivals 1994 in Krems – das waren Zeiten: Erwin Pröll, Wolfgang Schüssel, Erhard Busek und der bulgarische Kulturminister. Die Eröffnung gehörte den Bulgaren – ihrem Kunstsinn, ihrer Dichtung, ihrem Schauspiel, ihrer Musik. Aus ihnen wuchs der »Mythos Donauraum«. Denn genau das war eine bewusst gesetzte Vision. Die Machtkämpfe in den (süd)osteuropäischen Ländern waren – und sind teilweise immer noch – nicht entschieden oder noch gar nicht ausgebrochen. Es drohte der neue Nationalismus, der den Balkan jederzeit zur Explosion bringen konnte. Und dennoch: Wenn wir uns von der mitteleuropäischen Bastion den Ländern Osteuropas nähern, sollten wir nie vergessen, dass eine österreichische (und europäische) Kultur immer schon aus dem Gut des Balkans geschöpft und umgekehrt auch zur südosteuropäischen Blüte beigetragen hat. Denn die Sprache der Kunst lässt sich auch in totalitären Zeiten nie ganz unterdrücken, sie wird symbolhafter. Wir brachten daher nicht das nette Bulgarienklischee für Touristen nach Krems, wir wollten das künstlerische und kulturelle Leben des Landes beleuchten, obwohl es nicht unsere Aufgabe war, über politische Kämpfe der Vergangenheit oder der so genannten postkommunistischen Ära zu berichten. Zwischen den Zeilen, im Theaterspiel, im Tanz, in der Musik, in den Bildern der Bulgaren konnte man die Botschaft dennoch erkennen.

Das Motto von Peter Brooks »Das Leben ist ein absurdes Lachen« hängt im Raum: Justus Neumann spielt die schönsten »Letzten Tage der Menschheit« im Theaterdepot in Krems.

[links: H. C. Artmann]

1994

JuniTanz St. Pölten:
Die »Kokuma Dance Theatre Company«
in der Bühne im Hof.

1994

»Mythos Donauraum« 1994 gehörte den Bulgaren – ihrem Kunstsinn, ihrer Dichtung, ihrem Schauspiel, ihrer Musik.

Ich jettete vor, während und nach dem Festival 1994 fröhlich zwischen Metropolis Kiew, den rauschenden Schilffeldern im Donaudelta, dem ehemaligen Byzanz und dem türkischen Großreich zwischen Sofia und Budapest. Zwischen Habsburgerzeit, Kommunismus und Post-Kommunismus. Bis ich wieder zur »heimischen Scholle« und mit H. C. Artmann einen Gesprächspartner für Poesie fand. H. C. kam aus Salzburg zum Festival und war schon etwas müde. Aber er hielt durch und gab unvergessliche Lesungen: im Beisl, im Spiegelzelt, im Piaristentheater. H. C.s Gedankenwelt zwischen Irland, Waldviertel und »Ringelspübsitza«.

Im Rahmen des Donaufestivals wuchs das »Wachauer Theaterfestival« weiter, und der multikulturelle »JuniTanz« in St. Pölten wurde zu einem wichtigen Beitrag der Programmphilosophie fürs neue Festspielhaus, das gerade gebaut wurde.

Wir hingegen mussten uns als internationales Festival von den Restriktionen lösen und unsere eigenen Möglichkeiten der Entwicklung voll nutzen: zum Kultur- und Kunstfestival werden, das von der Avantgarde über neue Unterhaltung zum Gesamtkunstwerk strebte, Räume und Genregrenzen überwand. Die Zirkuskunst von Victoria Chaplin, die im Kremser Stadtpark im »Cirque Invisible« mit Jean Baptiste und Roger Spencer Thierrée Triumphe feierte, stand für das globale Kulturverständnis des Festivals. Gemeinsam mit unserem Publikum kosteten wir die Gegensätze zwischen Circensischem im Stadtpark, dem »Juni Tanz« in der wohlgeordneten Bühne im Hof und dem neuen Avantgarde-Theater-Areal voll aus.

Ich traf mich oft mit Frau Impresaria von St. Pöltens Bühne im Hof, mit Mimi Wunderer. Sie schwor auf Vicente Sáez und die heißen nordafrikanischen Winde, ich wiederum auf Andrea Ladányi aus Ungarn. Man einigte sich und trank persisch-kurdisch-türkischen Tee gemeinsam mit Kulturstadtrat Siegfried Nasko und Bürgermeister Willi Gruber, womit der »JuniTanz« aus der Taufe gehoben und St. Pölten an die internationale Tanzentwicklung angedockt wurde. Und das »Orthodox Ansambl« – ein 13-köpfiger Männerchor – faszinierte in der St. Pöltner Synagoge mit Gesängen vom 12. Jahrhundert bis zur Gegenwart.

Während also das »Wachauer Theaterfestival« Theater, Zirkus, Entertainment, Kleinkunst, Literatur, Musik und vor allem Avantgarde bescherte, bot der »JuniTanz« in St. Pölten Afro Dance, Klassisches Ballett, Solotanz und Modern Dance in der »Bühne im Hof«. Dort flogen dann die Tanzbeine, die Tanzkörper der multikulturellen Tanzgruppen wie der Kokuma Dance Theatre Company, die sich mit Margarita Arnaoudovas mystischen Choreografien vermischten. Margarita ging nach diesem Festival von dieser Erde, und das tat sehr weh. Sie kämpfte noch bis wenige Wochen vor ihrem Tod für den Erfolg ihres Ensembles.

Von nun an galt meine heimliche Liebe dieser Stadt. Ich saß oft bei der Baugrube des künftigen Regierungsviertels und Kulturbezirks und schrieb mit Rauchringen in die Luft: »Festspielhaus soll sie heißen, die größte Bühne des Landes«. Ein solches fehlte in der künftigen niederösterreichischen Hauptstadt. Freilich konnte St. Pölten schon damals auf ein Stadttheater unter kompetenter Führung stolz sein, auf die einzige relevante Kleinkunstbühne des Landes ebenso wie auf ein Stadtfest, das in seiner Bedeutung unmittelbar nach dem Wiener Stadtfest steht, und einem Landschafts-Umraum von unendlicher Vielfalt. Was man der Stadt ankreiden konnte, war höchstens, dass die Wirtshäuser am Sonntag geschlossen halten. Dann nämlich fahren alle St. Pöltner zum Heurigen in die Wachau und sogar nach Krems. Ich beschloss, die zwei Städte miteinander zu versöhnen.

Kultur sollte auch kulinarisch sein, und es durfte gelacht werden. Zur Ganzheit gehörten Festivalsstimmung, Gastronomie, Geselligkeit und nicht zuletzt der Kremser Wein. Und mit den Menschen einer Stadt zu leben, Theater von Fenster zu Fenster zu spielen: Wir erfanden das Kremser Fenstertheater in der Unteren Landstraße und die Bürgermeistertafel im Spiegelzelt. Ein festliches Mal, ein Fest der Sinne. Ein bisschen südfranzösisches Kunst- und Lebensgefühl zog mit uns in die Wachau ein, und die Versöhnung

»Blaubarts Orchester«

mit Ulrich Tukur –

eine mörderische Nachtmusik.

gelang: Kremser besuchten St. Pölten und die St. Pöltner Krems; dazu kamen immer mehr Festivalsgeher aus Wien, aus anderen Bundesländern und verstärkt aus Deutschland sowie selbstverständlich aus Bulgarien.

Das Konzept war einfach: Wir präsentierten Außergewöhnliches an besonderen Spielorten. Wer das Spiegelzelt mit den Kuschelnischen aus der Zeit der Jahrhundertwende, das alljährlich nach Krems importiert wurde, nicht schätzte, hatte noch nicht die richtige Einstellung gefunden. Und wer seinen Gefühlen, intuitiven und irrationalen Ebenen nicht Raum ließ, konnte die Erkenntnis Kultur nicht haben. Wir alle sind in einem Netz mit den Künsten und den Künstlern durch den sechsten Sinn verbunden, und das verbindet auch Festivalianer. Die dürfen auch Jahr für Jahr Festivalsfieber haben.

Eine mystische Gestalt braucht es für die richtige Feststimmung. Wir erfanden 1994 die Figur der Lilli Marilli, die aus der Wachauer Idylle ins ferne Ausland gezogen ist. Richtig. Die Lilli sollte nach Krems zurückkommen und hier für einige Verwirrung sorgen. Sie blieb eine Woche: Was die vorhatte – die wird doch nicht heiraten wollen?

Der Bürgermeister durfte sich das nicht entgehen lassen. Er plante, sie mit Blaulicht von der Schiffsanlegestation abzuholen und für die Heimkehrerin eine Ehrentafel zu enthüllen. Sollten wir auch schon für ihr künftiges Ehrengrab ansuchen?

Als dann die Lilli Marilli endlich gelandet war, begann eine anstrengende Woche. Ihr künftiger Gemahl war genauso mühsam wie sie. Er wollte Schauspieler werden und vergaß meist den Text. Wir montierten mit Erhard Busek und Evelyn Kitzwögerer eine Erinnerungstafel für Lilli schon zu ihren Lebzeiten in der Innenstadt und waren besonders zufrieden. Die erste Erinnerungstafel an ein Festival, das sich eines besonders saftigen Lebens erfreute.

Österreich ist reich an Künstlern und Ideen. Deshalb hatte ich es nicht schwer, den bekannten Schauspieler, Komiker und Regisseur Justus Neumann im Café Sperl zu treffen und ihn für Krems zu engagieren. Er spielte bei uns »Die letzten Tage der Menschheit« von Karl Kraus wie ein Kind, das das Verbotene liebt. Neumann, der seit 1987 in Australien lebt und nur für wenige Auftritte nach Österreich zurückkehrt, näherte sich dem Stück, das auf dem Mars aufzuführen Karl Kraus aufgetragen hatte, mit dem Humor des Clowns über die Erkenntnis, dass die gleichen Operettenfiguren wie damals auch heute über Krieg und Frieden entscheiden.

H. C. Artmann bekam beim Donaufestival 1994 seine längst fällige Hommage. Ich kannte H. C. persönlich vom »steirischen herbst« in Graz und aus meiner

Direktionszeit im Wiener Metropol. Er hatte sich kaum verändert – war jünger als die Jungen. Hut ab:

»ich (...) kam auf einem baum (oder in einem baum) der gemarkung Kürthal nahe dem weiler St. Achatz am Walde zur welt. Ich bin das kind aus der verbindung einer wildente und eines kuckucks und verbrachte meine jugend in den dichten laubwildnissen der buche und der linde; meine eigentliche menschwerdung vollzog sich erst später nach den ersten kinobesuchen, nachdem ich mich ziel- und absichtslos fliegend in eines der lichtspielhäuser der hauptstadt verirrt hatte.« Soweit H. C. Artmann in

Wenn der Captain als Landratte in seiner zweiten Kajüte
im Dominikanerkloster sitzt, misstrauisch nach Zwischenmauern aus der
glücklichen Zeit der Inquisition sucht, sich die unterirdischen
Museumsreiche des Doktor Schönfellner verirren wird
und anschließend seine Post lesen muss,
also Arbeit angesagt ist, wird er lesen: »Hallo, hier ist Lilli,
ich komme wieder. Ich hoffe, du hast mich nicht ganz vergessen.
Auf bald, Alter!«

seiner metaphorischen Ursprungsgeschichte. Er dachte in Aphorismen, widmete sich mit Akribie der Sprachforschung, der Übersetzung. Er erweiterte die Poesie, manifestierte sich aktionistisch und dichtete Kinderreime. Seine Arrangements von Sprach-Körpern bedeuten für den Leser höchste Lust.

Ein großer Künstler – man kannte ihn aus exzessiveren Zeiten –, der damals, einige Jahre vor seinem Tod, gesundheitlich schon mehr Pausen brauchte. Als er in der Pianobar las und unhöfliche Kellner und Barleute Lärm machten, weil sie während der Lesung noch kassierten (auch der Wirt schritt nicht wirklich ein, obwohl er sich H. C. Artmann gewünscht hatte), blieb H. C. gelassen und meinte nur: »Harr harr lacht Kater Carlo, denn Kater Carlo ist ein Sir!«

H. C.s »Autorenlesungen« gaben Zeugnis von seiner Lebenskunst. Auf dem Festivalsposter, von Stoilov gemalt, schlägt er wie ein Titan aus dem Untergrund durch. Und Heinz Karl Gruber brachte ihm ein

1 9 9 4

Ausstellung von Werken des Festivalsmalers Stoimen Stoilov
in der Galerie Heuritsch, 1994.

besonderes Ständchen mit »Frankenstein!! – Pandämonium für Chansonnier und Ensemble nach Kinderreimen von H. C. Artmann« im Spiegelzelt.

H. C. hat sich sehr auf Krems gefreut – auf den Wein, auf die Atmosphäre eines großen Kulturfestes und auf das nahe Waldviertel. Wir sahen ihn nur noch einmal: 1999 bei der Helnwein-Vernissage in der Dominikanerkirche. Er war eine echte Künstlerseele. Ein Kosmopolit. Und er fehlt uns.

In diesem Jahr wurde das Niederösterreichische Donaufestival europaweit bekannt, weil erstmals das Bekenntnis eines Landes zu seiner kulturellen Aufgabe sichtbar wurde. Keiner konnte mehr leugnen, dass das Donaufestival frischen Wind in die Segel Niederösterreichs geblasen hatte. Thomas Jorda schrieb in den NÖN: »Das Donaufestival wurde 1994 ein Glanzlicht der Landeskultur, Sammelbecken der Kulturen des gesamten Donauraumes.« Und auch Liese Prokop meinte: »Die Zeiten für den Wachstumsbereich Kultur werden immer kälter. Die neuen europäischen Herausforderungen und die internationale, aber auch die nationale Situation sind für Niederösterreich Anlass für eine offensive Kulturpolitik. Das NÖ Donaufestival als zeitgenössisches Festival ist ein wichtiges Signal für diese Kulturpolitik.«

Das Konzept war einfach:

Außergewöhnliches

an besonderen Spielorten

präsentieren.

Dennoch hatten wir bereits vorausblickend für die nächsten Jahre die Saat auszubringen, wollten wir das Niveau von 1994 weiter ausbauen. Und bekanntlich bespricht man Themen in Niederösterreich, für die man Inspiration braucht, am besten beim Wirten oder beim Heurigen. Auch bei uns entstanden oftmals die Ideen für ein Programmkonzept in gemütlicher Runde bei einem niederösterreichischen Beherbergungsbetrieb. Die Motti für die nächsten Jahre mussten zuerst gefunden werden, denn sie gaben uns den Themenkreis, den künstlerischen Weg, Konzept und Künstler für die nächsten Jahre vor.

Auch mit meinem Bühnenmeister Leo Krempl, einem der wichtigsten Festival-Mitstreiter, der optisch und technisch mitgeholfen hatte, dass die Theaterszene im Stadtpark weiterentwickelt werden und zu ihrer endgültigen Form finden konnte, saß ich nach dem Festival 1994 beim Hauer. Vier Stunden später stand fest, dass das übernächste Festival »1000 Jahre Österreich – EigenSinn« heißen musste. Für das Jahr 1995 war klar, dass wir den Zyklus »Mythos Donauraum« zum Abschluss bringen und zugleich unseren fünften Geburtstag feierlich begehen werden.

Im Jahr 1994 konnten wir nach meinen Berechnungen 13.500 Besucher begrüßen und einen Multiplikatoreffekt für die Wirtschaft von 1,8 feststellen, wobei die Besucher des Festivals allein schon 2,4 Millionen Schilling in der Region ausgaben.

»JuniTanz« St. Pölten:

»Les fleurs de dépravation«,

Andrea Ladányi –

Solotänzerin des Györ Balletts.

Mythos DonauRaum

Feydeau/Artmann	Der Damenschneider	03. 06.
Victoria Chaplin	Cirque Invisible	17. 06.
Christa Schwertsik	Tannhäuser	17. 06.
Justus Neumann	Die letzten Tage der Menschheit	17. 06.
Teodossi Spassov	Lieder auf der Caval-Flöte	18. 06.
Paul Morocco	016	19. 06.
H. C. Artmann	von der erschaffung der welt und andere untaten	19. 06.
Accus	Stücke und Gedichte von H. C. Artmann	19. 06.
Stoimen Stoilov	Ausstellung Galerie Heuritsch	19. 06.
Manja Vapcarova	Ausstellung	19. 06.
Daniil Charms	Elisaveta Bam	19. 06.
Josef Hader	Privat	20. 06.
Steinböck & Rudle	Butterkipferl	21. 06.
H. C. Artmann	mahlzeit oder ich schieße	21. 06.
H. C. Artmann	handstand hat doppelten boden	21. 06.

1994
Programm

Bulgarien

Heinz Karl Gruber	Frankenstein!!	22. 06.
C. Weise	Der Bauer als König	23. 06.
Ulrich Tukur	Blaubarts Orchester	24. 06.
Hans Liberg	Jetzt auch für Frauen	24. 06.
Kokuma Dance Theatre Company	The History of the Drum	24. 06.
Joe Harriet	Die andere Seite des Mondes	25. 06.
Sonja Sutter	Im Gewitter der Rosen	25. 06.
Barbara Frischmuth	Anstandslos	25. 06.
Johnny Melville	Best of Johnny Melville	26. 06.
Andrea Ladányi	Les fleurs de dépravation	27. 06.
Grömac Tanz Wien	Stefan Zweig & Comedia	27. 06.
Vicente Saez Compania	Uadi	29. 06.
Orthodox Ansambl	Chorfestkonzert	30. 06.
Arabesque Ballet Company	Die Wurzeln tief im Himmel	01. 07.

1 9 9 5

Mythos DonauRaum

S ü d o s t

Halbzeit. Der Mythos Donauraum wird auf Rumänien, die Ukraine und Moldawien ausgeweitet. Das Festival lässt sich mit Musik- und Tanz-Großproduktionen wie Carmina Burana ein. Ausstellungen werden zum fixen Bestandteil des Festivals. Der »JuniTanz« pulsiert in St. Pölten. Ein Festival dehnt seinen Aktionsraum auf vier Städte aus und sendet Trommelsignale durchs ganze Land.

[Ikarus Tanztheater] [Max Raabe]

1995

Mythos DonauRaum Südost

Wadaiko Ichiro – japanisches Trommelritual beim Kremser Ringstraßenspektakel.

Im Herbst des Jahres 1995 hatte die Frankfurter Buchmesse Österreich zum Präsentations-Schwerpunkt gewählt. Im Jahr vor dem österreichischen Millennium war das der Republik immerhin 50 Millionen Schilling wert. Und natürlich Anlass für so manche Debatte unter den Literaten. So meldete sich Michael Scharang mit der Bemerkung, es handle sich um einen »absurden Auftritt«, denn »Österreich als Vaterland österreichischer Literatur prolongiert zwangsläufig das Mandat Deutschlands als deren Mutterland um weitere hundert Jahre«. Tatsächlich schrumpfte die Zahl der österreichischen Verlage, die Kulturförderung bekam den Rotstift angesetzt, und zunehmend wurde nur mehr das gedruckt, was am deutschen Markt ankam. Die Literatur-Päpstin Sigrid Löffler sprach damals vom »Mythos«, dass es überhaupt eine österreichische Literatur gäbe, und machte dafür die »selektive Vereinnahmung« der Deutschen verantwortlich: »Was tauglich ist an österreichischen Autoren, das wird dem Kanon der deutschen Literatur zugeschlagen; was nichts taugt, das gilt als österreichische Provinzliteratur.« Bleibt anzumerken, dass Kritikerin Löffler selbst zu jenen gehört, die über »Tauglichkeit« und »Provinz« entscheiden. Und deshalb mit verantwortlich ist für ein Missverständnis. Geistige Landschaften lassen sich nicht allein an den literarischen Montblancs messen: die Vielfalt ist vielmehr ein Spiegel dessen, was in der Summe unverwechselbar für ein Land ist.

Was war damals geschehen? Es begann ein Umbruch in der österreichischen Denkungsart. Ein Schielen in den Westen, ein Anbiedern an den großen Bruder, eine Art Vorgeschmack auf die Cocacolonisation, die bald darauf mit der Globalisierungswelle auch Österreich erfassen sollte. Schließlich war man seit 1. 1. 1995 Vollmitglied der Europäischen Union.

In Niederösterreich begann sich erstmals ein Landesbewusstsein zu etablieren. St. Pölten bereitete sich auf seine Funktion als Verwaltungszentrum für das Land vor, Krems bekam den Auftrag, den Landesschwerpunkt für Kultur und Bildungswesen zu setzen, denn die Stadt feierte in diesem Jahr ihr Millennium. Aus diesem Anlass fand nicht nur die Eröffnung der Kunsthalle Krems statt – der 60-Millionen-Schilling-Bau in der alten Tabakfabrik zählt seither zu den wichtigsten Kunststätten Österreichs –, auch die Wahrzeichen der Stadt wurden renoviert: die Stadttürme, das Steinertor, das Linzertor, das Kremsertor, die große Kirche, der Pulverturm im Stadtpark und der Jubiläumspavillon. Ein Campanile bei St. Paul ließ man als bleibenden Wert stehen, wobei mit dem Guss zweier Glocken, deren eine im Campanile ihren Platz fand, ein besonderer Höhepunkt der Feierlichkeiten gesetzt wurde.

Die Volksbank prägte eine Jubiläumsmünze, ein ansässiger Juwelier kreierte eine Millenniumsuhr, ein Konditor den »Kremser-Schmidt-Würfel«, und eine Stadtchronik wurde nach zweijähriger wissenschaftlicher Forschungsarbeit herausgebracht. Ein weiterer Höhepunkt war der Start der postgradualen Donau-Universität, die dann allerdings erst im Herbst ihren Studienbetrieb aufnahm.

Das Donaufestival erhielt von der Stadt Krems einen dreijährigen Kooperationsvertrag mit dem Ziel, ein Partner für Krems zu sein, »der sich nicht mit einer einmaligen Aktion begnügt, sondern den Besuchern und den Kremsern garantiert, dass dieser Aspekt der Kulturstadt nicht mit Ende 1995 verpufft«, so der damalige Kremser Bürgermeister Erich Grabner.

Nein, von Verpuffen konnte damals nicht die Rede sein. Das Donaufestival feierte seinen fünften Geburtstag, und das Bild eines Bewegungsfestivals blieb. Mit Theater, Tanz und Musik sollten Niederösterreichs Städte »vernetzt« werden. Damals hatte der Begriff gute Chancen, zum »Wort des Jahres« zu avancieren, begann doch der Datenhighway allmählich in den kommunikativen Alltag Einzug zu halten. Auch in unserem »Donaumagazin« beschäftigten wir uns mit Netzen, hier vor allem mit solchen, die die Künstler des Donaufestivals für das Publikum ausgelegt hatten, um es zu begeistern und zu fesseln. Und wir spannten die Netze in Richtung grenzüberschreitende Produktionen, die das Programm des Jahres 1995 prägten.

1995

Unsere Reise führte wieder donauabwärts in die Kulturen des Donauraumes. Das Thema: unser Cosmopol. Die Vision der eigenen metaphysischen Bilderwelt und des Bauens der eigentlichen Festivalswirklichkeiten begann. Wir drehten das Geschehen um, gestalteten, waren emanzipiert. Mit Trommeln zwischen Hainburg und Krems, Chören zwischen Göttweig und St. Pölten entstanden »Rauchzeichen« im Land. Das Angebotene sollte auf den ersten Blick als üppige Wiese erscheinen, auf der sich das Publikum seine Blumen selbst pflücken konnte. Wir hatten Stadt-Land-Bilder in einer neuen Qualität geprägt und heimisches wie internationales Schaffen gleichrangig nebeneinander gestellt. Ich bin sicher, dass wir Menschen Lust auf Kultur gemacht und zugleich kleine Städte in große Kulturschauplätze verwandelt hatten.

Die ständige Auseinandersetzung mit Hochkultur, Avantgarde, Entertainment und neuen Bereichen führte schließlich zu einer höheren Kulturakzeptanz in Niederösterreich quer durch Politik, Wirtschaft und Kulturszene. Inhalt, Optik, Veranstaltungsformen beeinflussten von nun an heimische Festivals maßgeblich. Die Mehrspartigkeit entwickelte sich weiter, zeigte Konturen und Profil. In den großen Medien und in

Cantiones profanae – weltliche Gesänge vertanzt – »Carmina Burana«. Choreografie von Kim Duddy, eine Eigenproduktion des NÖ Donaufestivals.

Rockzirkus »Gosh«

aus Berlin mit

»Shak Edi Bobo« –

sprengt die herkömmlichen

Grenzen.

Regie: Michel Dalaire.

Wien verfolgte man das Donaufestival leicht bewundernd, und Journalisten wie Kritiker kamen recht gern. Sie akzeptierten uns, wir hatten das Festival über Österreichs Grenzen bekannt und zum Werbeträger für Niederösterreich gemacht.

Um die Kultur des Donauraumes zu begreifen, machten wir uns wieder auf den Weg. Ziel: Donaudelta – es bereisen und nach Krems mitnehmen. Wir fuhren diesmal nach Kiew, Bukarest, Varna und Sarajevo. Südosteuropa war im Aufbruch – aber es sollte nicht besser werden. Die neuen Kulturentwicklungen in Südosteuropa fanden zaghaft statt, griffen eher auf Althergebrachtes zurück – Kultur war und ist ein Luxusgegenstand, aus Prestige- und Devisengründen. In Kiew, Stalins Musterstadt mit der utopischen Metropolisarchitektur – ich möchte gerne wissen, wer die Architekten waren, die dort bauten –, tritt man eine Reise zwischen Tschernowitz, Odessa und dem Osmanischen Reich an. Zeiten, Völker, Geschichte und Gegenwart drangen auf mich ein und verschmolzen zu einem neuen Gefühl für die Donaukultur. Während meines Aufenthalts hasteten die Ukrainer in eine Schule zur Diphtherie-Impfung – eine Epidemie war gerade ausgebrochen ... Wir mußten weiter zum Delta:

Les Tambours du Bronx, Monostress 225 litres, Eröffnung »KlangSucht Hainburg« Open-Air.

Donaufestival 1995
ist
Räume in Bewegung
ist
Donauraum und Weltkultur
ist
Multikultur und Cosmopol
ist
Spektakel, Elfenbeinturm
und Experiment
ist
Vision und Vorfreude
ist
für Minderheiten immer da
ist
Kultur für alle
ist
fünf Jahre jung.

Wir rasten mit dem Motorboot durch den Kanal von Sulina Richtung Schwarzes Meer. Das Forschungsschiff von Jacques Cousteau nahm uns in der Nachmittagshitze auf und glitt lautlos seitab in die tausend Vogelwelten der Donau. Etwas nördlich, am nächsten Seitenarm, wo die Ukraine und Moldawien an Rumänien grenzen, fuhren wir zu den schwimmenden Inseln. Hier leben die Lipowaner – russische Auswanderer aus dem 17. Jahrhundert – in alter Tracht wie auf einem anderen Stern: Das rumänische Donaudelta ist der Schmelztiegel der Völker rund ums Schwarzmeer, die Heimat zahlreicher Minderheiten.

In Bukarest weiß man offiziell davon nichts – man fährt hierher, um zu angeln. Das Casino von Konstanza weiter südlich ist die Vorstufe zur Hölle: zum Mädchentransfer in die westlichen Nachtclubs. Trauer hängt in den heruntergekommenen Prunkräumen. Drei Straßen weiter muss Ovid in seiner Verbannung gelandet sein – er ist dann irgendwohin in die Einsamkeit entschwunden. Ceausescus hässliche Staudämme und Kanäle durchschneiden das Land – die Handschrift des Diktators ist bis heute zu lesen, auch am Flughafen: Wir mussten eine Stunde am Rollfeld im übervollen Bus zum Weiterflug nach Sofia warten. Im Zentrum der rumänischen Hauptstadt lungerten Zigeuner auf der Straße, und eine ganze römische Legion schien bis heute geblieben zu sein: Die rumänischen Julias, Severins und Tulliusse sind überall.

Umso mehr sollten großartige Musik, Theaterkunst und Bilderwelten donauaufwärts fließen: Musiker aus Moldawien stießen ebenso zum Festival wie die Preisträger der Biennale in Varna, Grafikkünstler aus Bulgarien, Rumänien, der Ukraine, Russland, Mazedonien, Serbien und Griechenland. Und die Stimmen aus Kiew: Ich holte den Chor der Staatsoper und das ukrainische Volksmusikorchester zum Donaufestival. Der Chor sang in der Stiftskirche Göttweig und im St. Pöltner Dom ukrainische Kirchenmusik, das Volksmusikorchester spielte zur Eröffnung beim Ringstraßenspektakel und in der Synagoge St. Pölten. Ich werde noch jahrelang die Chöre in mir hören, diese

Cristina Hoyos

1995
Stoilov

vollkommen ineinander verschmelzenden und doch so nuancierten Stimmkörper. Ein inszenierter Mythos aus dem südosteuropäischen Donauraum, eine willkürlich gesehene Welt entstand.

In dieser Jahrzehntmitte wurde das Donaufestival ein multikulturelles Weltfest, ein einziges Festkonzert zwischen Göttweig, St. Pölten, Hainburg und Krems: Eine Fein-Speise nach der anderen, eine durchgehende Euphorie – und noch lange kein Nachtisch.

Es entstanden immer neue Gedankenwelten zu den Themenkreisen des Donaufestivals – sozusagen »Seitenflüsse der Donau« –, die immer mehr zur wirklichen Welt gehörten. Der Donauraum, Zentraleuropa, Österreich und die Weltkultur waren unser Netz. Durch unsere Werbemittel, insbesondere durch das »Donaumagazin«, aber auch durch die Zusammenarbeit mit der Zeitschrift »morgen«, entstand eine eigene sinnenträchtige opulente und dreidimensionale Welt der Fantasie und Wertvorstellungen. Christiane Huemer, Anita Prammer, Hans Magenschab, Marion Mauthe waren Mitstreiter und ebenso Träger der Botschaft wie die Dramaturgin Beate Scholz und die Pressereferentin Karin Prinz vom Donaufestival. Für die Grafik und die bildende Kunst zeichneten Stoimen Stoilov, Karen Schmitzberger, Erich Monitzer und Karin Rupacher verantwortlich.

Ich schau mir das Plakatmotiv von Stoimen Stoilov für dieses Jahr 1995 an: Die symbolisierte Zeit taucht aus der Tiefe des Donauwassers auf, ihr von Algen und Seegras durchwachsenes Haar treibt um ihr Gesicht, das hinter einer Maske verborgen bleibt, die sich aber ab- und auflöst. Die allegorische Figur hält Bassgeige und Farbpalette fest umfangen, die Sanduhr scheint in der anderen Hand davon zu schweben. Stoimen und der Captain reisen mit.

Zu dieser Zeit war in Niederösterreich auch Kritik erwünscht. Es gab keinen Maulkorb für aufmüpfige Produktionen. Deshalb war ich einer, der auch dagegengeredet hat. Und ich bestand darauf: Wir brauchten ein Festspielhaus in St. Pölten und auch eine Veranstaltungshalle in Krems. Wir wollten zumindest eine bewegte Aufführungsplattform, ein Festivalsschiff, mit dem man bis zum Delta hätte fahren können – wir wären dann mit einer Plattform auch räumlich mit dem »Donauraum Südost« verbunden gewesen. Ex post sehe ich, dass wir von Anfang an mehr in die Infrastruktur investieren hätten müssen.

Wir erfanden gern Neues und bauten unter anderem ein großes Holzportal in der Unteren Landstraße als Erinnerung an das abgerissene Stadttor und spielten Fenstertheater mit Bürgermeister, Stadträtin, Museumsdirektor und Kaufmannschaft. Wir spielten überall in der Stadt Theater und blieben beweglich.

Es geht also wieder einmal um diese seltsamen Bilder, die für
den Captain aus dem Fluss auftauchen:
Erscheinungen von gewaltigen Powerfrauen, die alles wissen und
können, aber Männer so schwach erscheinen lassen.
Der bayrische Filmstar wird zusammen mit der Landesfürstin kommen.
Sie werden alles dominieren und das Festival Hand in Hand eröffnen
und eine Lanze für Frauenkunst brechen.
Sie werden vier Malerinnen sanft emporheben in den Himmel
der Beachtung. Die Künstlerinnen schmücken
die karge alte Sporthalle mit Tonfiguren,
Bildern in Rot, Malerei und kalligrafischen Zeichen.

1995

Ein Gaudium: Minister Wolfgang Schüssel wurde in der Sänfte durch Krems getragen.

Erstmals entstand auch eine große Eigenproduktion im Musik-Tanztheaterbereich zum hundertsten Geburtstag von Carl Orff: »Carmina Burana«, in der die »Cantiones profanae« erstmals vertanzt wurden. In diesem Hymnus auf die Jugend, Schönheit und Lebenslust beschwört der deutsche Komponist die ausgelassen-sinnliche Atmosphäre des 13. Jahrhunderts. Irgendwie passte diese große Aufführung zur Millenniumsfeier von Krems, das mit seinen Bewohnern immer ein bisschen Mittelalter bleibt. Unsere ambitionierte Musik-Dramaturgin Susanne Blaha-Zagler war wesentlich an der Entwicklung dieser Produktion beteiligt, die mit den Niederösterreichischen Tonkünstlern, Edith Lienbacher, Arno Raunig, Andrea Martin, dem Concentus Vocalis, dem Slowenischen Kammerchor und den Gumpoldskirchner Spatzen unter Dirigent Peter Keuschnig aufgeführt wurde. Die Choreografie lag bei Kim Duddy, das Raumkonzept und die Lichtregie bei Edi Neversal und Markus Windberger. Das Projekt wurde zur Eröffnung des Festivals mit 180 Musikern, die den Raum mit stimmgewaltigen Klängen und Orff'schem Rhythmus erfüllten, aufgeführt.

Dabei ging leider manches schief: Nach den Eröffnungsansprachen von Marianne Sägebrecht und Liese Prokop stürzte während der Aufführung der »Carmina Burana« durch einen Stromausfall das Mischpult ab: Die Bühne blieb 20 Minuten im Dämmerlicht. Die folgenden Vorstellungen waren hoffnungslos überbucht – wir hätten die »Carmina« zwei Wochen vor ausverkauftem Haus spielen können. Mit dieser Produktion wurde ein neuer Weg für Gesamtkunstwerke geöffnet.

Die anschließende Vernissage im Theaterhaus war erfrischend: »Wildinnen« in Krems – das klingt

Zirkus »Gosh« – mitreißender Live-Rock, präzise Artistik.

»Heute Abend: Lola Blau« – Chansonabend mit Maja Morgenstern.

nach Hexen, nach Elfen und Naturgeistern, unheimlich und ein wenig außerirdisch. Und was zu sehen war, bezeichneten wir in unserem Konzept als »Visuelle Expedition in die Bildwelt der Farben, Formen und Symbole«. Roxane Legenstein arbeitete als Bildhauerin mit Ton, Eva Neuper mit Schrift und Farbe, für Ursula Heindl waren eher als monochrom zu bezeichnende Arbeiten in Rot und Grün der ihr adäquate Weg, und zwischen Malerei und Installation setzte sich Karin Rupacher mit ihren Themen auseinander. Der Titel muss noch erklärt werden: »Wir sind nicht nur keine Gruppe, sondern wollen auch keine ›Frauenausstellung‹ machen. Wir sind einfach vier Frauen, die sich als Künstlerinnen verstehen und damit automatisch in eine Männerdomäne eintreten, das heißt eben: Wir wildern in fremdem Revier, sind also Wildinnen«, meinte dazu Roxane Legenstein. Ein anderer Teil der Halle wurde von Günter Wolfsberger, einem Kremser Objektkünstler, mit flexiblen Platten in Bewegung zwischen horizontal und vertikal gesetzt.

Was uns seit damals nicht so bald jemand nachmachen konnte: Eigentlich handelte es sich um vier Festivals, die wir in einer fulminanten Aufführungsserie innerhalb von drei Wochen Veranstal-

Günter Wolfsberger –

Installation

im Theaterhaus Krems.

Es war in Niederösterreich

auch Kritik erwünscht,

es gab keinen Maulkorb für

aufmüpfige Produktionen.

tungszeit unterbrachten: das Wachauer Theaterfestival in Krems, den »JuniTanz« St. Pölten, »KlangSucht« Hainburg und schließlich das Experiment Tulln. Drei Donaustädte und St. Pölten waren integriert, Krems blieb das Tor zur Wachau. Und das Festival umspannte die Kulturkreise Europa, USA, Japan und Afrika. Den Schwerpunkt setzten wir freilich auf den Donauraum, sodass wir Künstler aus Südosteuropa – der Ukraine, Bulgarien, aus Moldawien, Rumänien und Bosnien – begrüßen durften. Es kamen: das Ukrainische Volksmusikorchester, der Chor der Staatsoper Kiew, der Maler Mircea Stanescu aus Ploiesti – ein Wegbegleiter der Neuen Rumänischen Malerei –, das Bukarester Teatrul Bulandra mit der vielfach international ausgezeichneten Schauspielerin Maja Morgenstern. Sie brachte Georg Kreislers »Heute Abend: Lola Blau« ins Kremser Spiegelzelt, in dem das Schicksal einer jungen jüdischen Chanteuse beschrieben wird, die vor den Nationalsozialisten nach Amerika flieht, dort Karriere macht und nach dem Krieg wieder nach Wien zurückkehrt, wo sie eine Kabarettbühne aufmacht. Wir organisierten eine Ausstellung mit Grafik aus Varna, und mit einer »Fotoart«-Präsentation wurde »das rumänische Dorf« vorgestellt.

Ausstellung »Wildinnen«:
Karin Rupacher –
»Geschichte«.

Les Ballets Africains:
»Silo – the Path of Life«,
Tanz- und Musikspektakel
aus Guinea.

1995

Das Bewegungsfestival war auch im Raumkonzept spürbar: Wir spielten in Zelten, Hallen, Gewölben, Kirchen, Schulen, im »Theaterhaus in der alten Sporthalle«, im Theaterzelt im Stadtpark, dem Spiegelzelt, dem Theater im Depot in der Messehalle und im Piaristentheater. Das Ringstraßen-Open-Air war der Höhepunkt der Feierlichkeiten rund um 1000 Jahre Krems, und in St. Pölten fanden wir in der Bühne im Hof ebenso Platz wie in der Synagoge. In Hainburg wiederum fand man uns im Haydnsaal, an der Donaulände, im Jugendzentrum und in der Musikschule. Tulln hatte für uns die Kunstwerkstatt reserviert.

Auf der Ringstraße in Krems gab es einen besonderen Höhepunkt: Die Österreich-Premiere des japanischen Ensembles Wadaiko Ichiro mit einem Trommelritual. Die »Hallucination Company« lockte mit den special guests Stefan Weber, Mo und Andy Baum und vielen anderen. Vickerl Adam sollte seinen allerallerallerletzten Auftritt beim Straßenspektakel haben.

Zu Beginn des »Wachauer Theaterfestivals« gastierten »Les Ballets Africains« mit »Silo – The Path of Life« – ein Tanz- und Musikspektakel aus Guinea, das durch synkopische Trommelwirbel, atemberaubende Akrobatik und verführerische Farbenpracht bestach. Sie hatten genug Energie, um eine ganze Stadt zum Leuchten zu bringen, die 44 Frauen und Männer der Compagnie aus Guinea, die sich ihre Ursprünglichkeit und kreative Kraft erhalten haben.

Zu den herausragendsten Vertretern des amerikanischen New Dance zählt die »Bill T. Jones/Arnie Zane Dance Company« aus New York, die im Theaterhaus in der alten Sporthalle in Krems auftrat. Körperwitz, virtuose Tanztechnik, gepaart mit rhythmisierten akrobatischen Elementen, kennzeichneten den ehrgeizigen Stil, mit dem das Duo Jones/Zane schon Anfang der achtziger Jahre Anerkennung fand. Mit »Still/Here« zeigten sie eine Collage von Tänzen und Liedern, Texten und Video-Segmenten zum Thema Aids, das auch von der internationalen Kritik als eines der bedeutendsten Bühnenereignisse zum damaligen Tabu-Thema anerkannt wurde. Ein verstörendes Kunstwerk als Auseinandersetzung mit dem Tod.

Ein Theaterfestival, das sich das Zusammenführen von Kulturen auf die Fahnen geschrieben hat, konnte stolz darauf sein, sowohl die zauberhaften Ensemble-Mitglieder des Teatrul Bulandra mit ihrer Produktion »Das Prokrustesbett« im Theater im Depot wie auch Max Raabe und sein Palastorchester im Kremser Spiegelzelt erstmals in Österreich vorgestellt zu haben (2002 durfte Max Raabe endlich die Wiener Festwochen eröffnen). Die Stars des Berliner Varietés versetzten ihr Publikum musikalisch und atmosphärisch in die zwanziger und dreißiger Jahre des vorigen

Jahrhunderts, als deutsche Tanz- und Filmschlager noch swingten und mit doppeldeutig-ironischen Scherzen irritierten.

Auch 1995 durfte die Kleinkunst nicht fehlen, ist doch Multikultur ohne den deutschsprachigen Beitrag an kleinen Giftspritzen nicht denkbar. 1995 kam der aufstrebende Kassenschlager Roland Düringer ebenso zum Festival wie Thomas Maurer, Ernst Jandl, Otto Grünmandl, Andrea Händler, Helen Vita sowie Hans Liberg, der Musikclown und Nonsenskomiker aus Amsterdam, mit der »Wurzel aus Bach«.

Aber was wäre ein Festival ohne Zirkusatmosphäre: Der Zirkus Gosh war 1995 zum dritten Mal beim Donaufestival. Ein rasantes, parodistisches, sinnliches und poetisches Simultan-Spektakel eines Berliner Zirkusvarietés mit französischem Esprit – ein Rock-Zirkus mit 14 Akteuren, Clowns, Musikern, Akrobaten, der durchprescht und einen nicht zum Atmen kommen lässt: Zwei Stunden Vollgas.

In St. Pölten gab es beim »JuniTanz« einen exemplarischen Querschnitt durch die zeitgenössische Tanztheaterszene Europas in der »Bühne im Hof«. Die zehnköpfige »Phoenix Dance Company« – eines der führenden britischen Ensembles – präsentierte ihr schwarz-afrikanisches Tanz-Erbe, gepaart mit traditionellem Modern Dance und Akrobatik. Berührend und provokant die Auseinandersetzung und die Tanzsprache des Tanztheaters »Ikarus« des Kärntner Choreografen Zdravko Haderlap. Er bezeichnete sein Opus »Marička« zwar als »Volksstück«, doch die Lebensgeschichte einer behinderten Unterkärntner Magd als Symbol für die Kärntner Wirklichkeit ließ die Wogen hochgehen: Von »heimatträchtigem Gruseltheater« war ebenso die Rede wie von »Körperschlacht« und »sarkastischer Revue«.

Wenn ich den JuniTanz-Ablauf vor mir Revue passieren lasse, dann ist mir besonders die magische und energisch-expressive Tanzkunst von Cristina Hoyos in Erinnerung. Die spanische Tanzlegende – berühmt aus Carlos Sauras Tanzfilm »Carmen« – war ein besonderes Erlebnis für St. Pölten. Ihr Können und ihre Leidenschaft gingen unter die Haut. Cristina und ihr Ensemble beherrschen den Flamenco perfekt, den sie durch eigene Interpretation zur temperamentvollen Tanzkunst erhöhen.

Mit »KlangSucht« wurde Hainburg zur Open-Air-Bühne: Es wurde getrommelt, geschrammelt, »g'sunga und g'spüt« sowieso. Wir versammelten allerlei Schuster in Hainburg, die partout nicht bei ihrem Leisten bleiben wollten: Ein alpines Oktett mit dem merkwürdigen Namen »Die Knödel« stieg ins Donautal hinab, um sich im »Supermarkt der Musikgeschichte« zu bedienen. Eigentlich hätte das auch

1995

Bill T. Jones Dance Company
»Still/Here«.

1995

das Motto von »KlangSucht« sein können, denn ich beabsichtigte eine »echt wilde Mischung« – stilistisch einordnen sollte man uns nicht können: Wir stellten das italienische Gesangstrio »Trinovox« erstmals in Österreich vor, die zum A-cappella-Höhenflug einluden und deren Stimmen als experimentelle Spielwiese für eine Vokalperformance in sieben Sprachen dienten.

Es interpretierte das französische Quintett »Bratsch« die Zigeunermusik Mitteleuropas, es verschlug den deutschen Harfenisten Rüdiger Oppermann auf seiner »Karawane« gar in mongolische Gefilde, während sich eine pannonische »Dilettantenkapelle« (Eigendefinition) namens »Polka Streng« der böhmischen Polka verschrieb. In der Heimatliedinterpretation der neun Musiker swingen Rhythmus, getragene Melodien, weinende Trompeten, Klarinetten und das satte Euphonium: Polka'n'Roll.

»Gosh« – sinnlich-rasantes Spektakel aus Berlin: Zwei Stunden Vollgas.

Zwei Konzerte waren grenzüberschreitend: Das »Casablanca Ensemble Modern« spielte in Bratislava zeitgenössische Musik vorwiegend österreichischer Komponisten, das Slowakische Bläserquintett gab in Hainburg eine Aufführung mit Zeitgenössischem aus dem osteuropäischen Raum.

Und der Vorarlberger Sänger und Pianist George Nussbaumer präsentierte seinen »tiefschwarzen« Blues, der an große Vorbilder wie Stevie Wonder und Ray Charles denken ließ. Tiefschwarz war auch Roland Neuwirth mit bitterbösen Texten, einer virtuos gespielten Knöpferlharmonika und viel Schmalz in den Geigen seiner »Extremschrammeln«.

Last but not least sei auf jenes Ensemble verwiesen, das die »KlangSucht« eröffnete: die französischen Radikal-Percussionisten »Les Tambours du Bronx«, mit »Monostress 225 litres«. Eine Big-Band, die ihren industriellen Rock'n'Roll mittels riesiger Trommeln und archaischer Chöre in die Ohren der Klangsüchtigen hämmerte. Martialisch und mit maximaler Lautstärke, geradlinig und rau bearbeiteten sie alte Ölfässer, unbeirrbar steigerten sie ihren Gesang bis zum brachialen Furioso. Das Ganze klang, als hätte eine Hand voll Punks ein afrikanisches Folklore-Ensemble erfolgreich missioniert. Die ekstatisch mitgehende Menge von 2000 Besuchern stimulierte die 14 Künstler derart, dass sie im Hotel einen Luster abmontierten und auf die Reise mitnahmen. Bis auf Widerruf.

»ExperimentTulln« wartete mit einer schrägen »Die große Alex Peterander Show« auf. Mit Franz Franz als reanimierter Peter Alexander des Jahres 3017.

Die Bilanz: 60 Produktionen und 100 Veranstaltungen, 15.000 Besucher bei 88 Prozent Auslastung. Das bedeutet eine Verdoppelung der Einnahmen im Vergleich zum Vorjahr. Ein großer Erfolg für das Donaufestival des Jahres 1995.

Phoenix Dance Company
»Shaded Limits«, »Longvity«,
»Sacred Space«,
»Covering Ground«.

Mythos DonauRaum

Südost

Carl Orff	Carmina Burana	**17. 06.**
Max Raabe & das Palastorchester	Abends, wenn die Lichter glüh'n	**17. 06.**
Rupacher/Legenstein/Neuper/Heindl	Wildinnen	**17. 06.**
Günter Wolfsberger	Der bewegte Raum – Installation	**17. 06.**
Les Ballets Africains	Silo – the Path of Life	**18. 06.**
Klaus Trabitsch	Gstanzl & Fidelio	**18. 06.**
Marianne Sägebrecht	Das Leben ist eine Dramödie	**18. 06.**
Norbert Silberbauer	Asyl	**18. 06.**
Das rumänische Dorf	Ausstellung	**18. 06.**
	Die Kunst der Grafik aus Südosteuropa	**18. 06.**
Gerhardt Csejka	Literaturnachmittag Rumänien	**18. 06.**
Volksmusikorchester der Ukraine	Donauraum Festkonzerte	**18. 06.**
Roland Düringer	Superbolic	**19. 06.**
Susanna Schaefer	Lesungen	**19. 06.**
Mircea Stanescu	Bilder	**19. 06.**
Ernst Jandl	Stanzen und Die Humanisten	**20. 06.**
Dolores Schmidinger	Heil ist geil	**21. 06.**
Rüdiger Oppermann	Karawane	**21. 06.**
Hans Liberg	Wurzel aus Bach Live	**22. 06.**
Cache Cache	Sisyphus Austriacus	**22. 06.**
Chor der Staatsoper Kiew	Donauraum Festkonzerte	**22. 06.**

17. Juni-
5. Juli '95

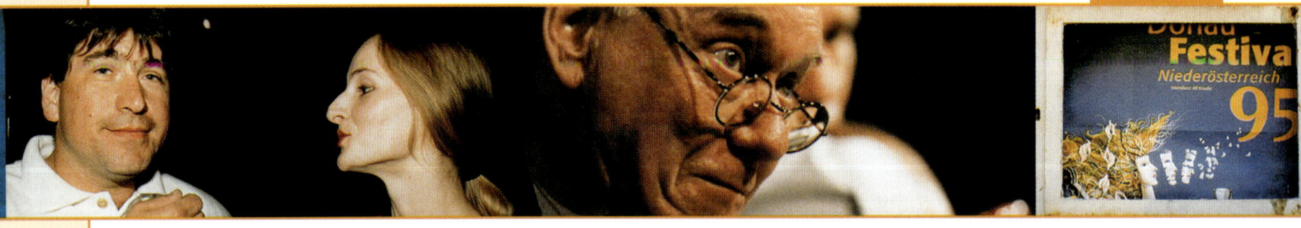

1995

Programm

Phoenix Dance Company	Shaded Limits; Longvity; Sacred Space, ...	22. 06.
Mythos Donauraum Südost	Ausstellung	23. 06.
Casablanca Ensemble Modern	Konzert mit Werken von Lauermann ...	23. 06.
B.T. Jones & A. Zane Dance Company	Still/Here	24. 06.
Bernhard Fibich	Achtung, fertig, los!	24. 06.
Teatrul Bulandra Bukarest	Das Prokrustesbett (Patul lui Procust)	24. 06.
Les Tambours du Bronx	Monostress 225 litres	24. 06.
Polka Streng	Heimatlieder	24. 06.
Jiddisches Theater Bukarest	Heute Abend: Lola Blau	25. 06.
Tanztheater Ungarn	Artus – Die Ritter des Küchentisches	25. 06.
Kinderfest Hainburg	Im Waschtrog zum Schwarzen Meer	25. 06.
Alexander Bisenz	Nix is Nix	27. 06.
Axel Zwingenberger	Boogie Woogie & Blues	27. 06.
Peter Turrini	Turrini liest Turrini	27. 06.
Ikarus Tanztheater	Marička	27. 06.
Rockzirkus Gosh	Shak Edi Bobo	28. 06.
Thomas Maurer	Dschungel	28. 06.
Theaterensemble Die Spieler	Das große Heft	28. 06.
Helmut Maurberger	Donau Ton-Au, Blasokalypse	28. 06.
George Nussbaumer	Soul & Blues	28. 06.
Helen Vita	Lieder im Sopranbass	29. 06.
Lucilectric	Popmusik aus Deutschland	29. 06.
Julian Schutting	Aufnachtung Aktweise	29. 06.
Die Knödel	Schräge Musikgaumenfreuden	29. 06.
Roland Neuwirth	Donauabwärts ...	29. 06.
Ballet Cristina Hoyos	Caminos Andaluces	30. 06.
Slowakisches Bläserquintett	Konzert mit Werken von Uhl, Suchon ...	30. 06.
Eric Bogosian	Talk Radio	01. 07.
Arbos-Theater	Der entrückte Engel	01. 07.
Viktor Kopatchinski	Konzert	01. 07.
Trinovox	A-cappella-Trio aus Italien	01. 07.
Bratsch	Correspondances	01. 07.
Otto Grünmandl	Das Alpenländische Interview	02. 07.
Timna Brauer	Entdeckungsreise durch die Weltmusik	02. 07.
Franz Franz	Die große Alex Peterander Show	05. 07.

Eigen
Sinn
1000 Jahre

1 9 9 6

Ein Jubiläumsjahr zu »1000 Jahre Österreich«. Spanien und Österreich sind Schwerpunkte. Flamenco, temperamentvolle Tanzgruppen, eine große Theatereigenproduktion zum Thema »Kuruzzen«.

Ö s t e r r e i c h

1996

EigenSinn – 1000 Jahre Österreich

Der ungarische Schriftsteller György Konrád hat lang vor dem Fall des Eisernen Vorhangs geschrieben: »Es besteht die Möglichkeit, dass eine Europäisierung Europas erst durch eine Mitteleuropäisierung Mitteleuropas stattfinden wird können.« Tatsächlich stellte sich 1996 die Frage, wo dieses »Mitteleuropäische« noch zu finden wäre. Denn nach dem Zusammenbruch des Kommunismus versuchten die Alpenrepublikaner, sich so schnell wie möglich vom Osten abzuschotten, um sich nur ja vor den – durch einen neopatriotischen Landsmann pausenlos eingehämmerten – Gefahren durch »Kriminaltouristen« und »Wirtschaftsflüchtlinge« aus dem Osten abgrenzen zu können. Und siehe da: Die EU-Außengrenze wurde flugs zum neuen Eisernen Vorhang.

Jordan & Arias: »Les Grisettes« – ein gnadenloser Operettencocktail.

Die österreichische Seele ist freilich ein weites Land – oftmals unergründlich, meist aber ist der Bodensatz der kollektiven Psyche leicht durchschaubar. Denn das depressive und mitteleuropafeindliche Klima zwischen Boden- und Neusiedlersee hatte sich seit 1989 vor allem deshalb verstärkt, weil man ein neutralitätsgepolstertes, verträumtes Randplatzerl in westeuropäischer Lage aufgeben musste. Das zu verschmerzen schien hart anzukommen, konnte man doch hier zu Lande noch immer nicht überwinden, dass gerade die mitteleuropäischen Völker im Jahr 1918 Österreich »hochverräterisch« verlassen und in der Zwischenkriegszeit arrogant und ungerecht behandelt hatten. Diese latent vorhandenen Klischees sind Ausdruck der Hassliebe der heutigen Österreicher zur Donaumonarchie. Einerseits ist das Bewusstsein da, dass wir einmal »wer« waren, was wir heute als »Kleinstaatler« nicht mehr sind; andererseits hat man uns durch all die Jahrzehnte der Republik mit einem verzerrten und daher in wesentlichen Teilen falschen Geschichtsbild des Österreichs vor 1918 indoktriniert. Deshalb waren viele trotz EU-Beitritts gegen dieses ehemalige Experiment europäischer, multinationaler Integration eingestellt. Das heißt, dass die Österreicher ein – ganz dem herrschenden barocken Charakter entsprechendes – oberflächliches Nationalbewusstsein entwickelt haben. Und das änderte sich auch nicht mit den Feiern und wohlmeinenden Ansprachen anlässlich des tausendjährigen Bestehens Ostarrichis.

Das Millennium war einerseits Gnade, andererseits Albtraum für ein Festival. Denn was sollten die Veranstalter eines gehobenen Mehrspartenfestivals zur Festkultur in einem Festjahr festlich beisteuern? Wir beschlossen, die Reise auf der Donau nach Österreich anzutreten. Es sollte eine turbulente Reise werden – quer durch die Geschichte, durch Europa. Wir wollten diskret die Blickwinkel vertauschen: eine delikate Aufgabe, da wir die Geschichte nicht neu schreiben konnten. Aber Vorstellungswelten sind nun einmal das Brot des Künstlers und das Fluidum eines Festivals. Und die Visionen hätten zur »Time Machine« in die Vergangenheit und Zukunft werden können. Neben einer Innenansicht sollte der Blick von außen auf uns geworfen und ein paar Geschichtsfetzen auf die Bühne gebracht werden – eher locker auf der Wäscheleine, wie es nun einmal einem Festival der steten Reise und Suche entsprach. Nach fünf Jahren »Räume in Bewegung« widmeten wir uns also aus Anlass des Millenniums mit »EigenSinn« der »Heimat« und beleuchteten durch ausgewählte Produktionen den Mythos Österreich von innen und außen. Es sollte ein Manifest für Österreich und ein Bekenntnis zum Donauraum, zur internationalen Szene sein. Wir wollten der Geschichte keinesfalls ausweichen und hatten den Blick fest auf Österreich gerichtet – manchmal gewagt, manchmal selbstironisch, eigentlich aber immer innovativ. Dabei durfte aber nicht auf aktuelle internationale Kulturströmungen vergessen werden, die sich weltweit Gehör verschaffen konnten und das Publikum in ihren Bann zogen. Was wäre ein Festival ohne seine Gäste aus anderen Kontinenten? Sie sind eine wichtige Ingredienz, das Salz in der Suppe und unverzichtbar für ein Festival.

Die andere, nicht krampfhafte Sicht war mir aber noch wichtiger: Wir überließen das große Jubilieren den anderen und gingen unseren internationalen

Weg weiter. Denn Fremdes fremd sein zu lassen und den Blick zu schärfen für das, was nicht in den Geschichtsbüchern steht, sahen wir als unsere kulturpolitische Aufgabe. Unser Konzept sah vor, das kosmopolitische Bewusstsein zu schärfen und Fairness den Nachbarländern gegenüber zu zeigen. Jedenfalls war »EigenSinn« die gezielte Förderung der heimischen Künstler mit Eigen- und Koproduktionen sowie auch Uraufführungen.

Niederösterreich war immer ein Kernland. Deshalb feierten wir das Ostarrichi-Jahr mit einer Donaufahrt auf unserem Schiff als großes Landesfestival. Um in Kürze zu erklären, was es mit Österreich und dem Donauraum, den Habsburgern und den Spaniern, Andalusien und Niederösterreich auf sich hat, spielten wir zur Eröffnung des Festivals eine Flamenco-Messe mit Paco Peña und einem österreichischen Chor. Auf den ersten Blick mag das österreichische Millennium nicht viel mit einem Festival-Programm gemeinsam haben, das auf Flamenco und die spanische Kultur setzte. Bedenkt man aber, dass Kaiser Maximilian I. den Grundstein zur Heiratspolitik der Habsburger durch die Vermählung seines Sohnes Philipp mit der Tochter der Katholischen Könige legte und damit die

H. K. Gruber: »Keintante II« – Eine Hommage an Friedrich Cerha.

Que-Cir-Que –

poetisch-fantastischer

Avantgarde-Zirkus

aus Frankreich.

1 9 9 6
S. Stoilov 96

Casa d'Austria für zwei knappe Jahrhunderte Einzug in die spanische Geschichte hielt, so ist der Blick nach Spanien auch für ein Festival gerechtfertigt, das sich der 1000 vergangenen Jahre in der österreichischen Geschichte widmet.

Zu den Geschichtsbuch-Unterdrückten zählen auch die selten erwähnten Kuruzzen, obwohl sie in der ostösterreichischen Umgangssprache mit dem Unmuts-Ausdruck »Kruzitürken« ihre Spuren hinterlassen haben. Eigentlich handelte es sich um eine ungarische Räuberbande, die eine private Fehde gegen das Kaiserhaus führte und beinahe das Habsburgerreich zu Fall gebracht hätte. Mit dem Drama »Kuruzzen« von Erwin Riess, das wir gemeinsam mit dem Volkstheater produzierten, setzten wir bewusst einen Akzent des Erinnerns für dieses Millenniumsjahr.

Zentrale Figur des Stücks ist der vom Hofkriegsrat als geheimer Emissär zum Sultan entsandte Offizier Rotter. Dieser fällt bei einem Scharmützel den Kuruzzen in die Hände, wechselt die Seiten und wird zu ihrem geistigen Oberhaupt und Autor ihrer Stücke.

Für Kaiser Joseph I., der im Geheimen sogar Sympathie für die anarchistisch gesinnten Aufständischen zu hegen scheint, hat Erwin Riess eine Schlüsselszene des Stücks erfunden: Der des Regierens müde Potentat hat wieder einmal versucht, sich in der Donau das Leben zu nehmen. Peinlicherweise wird er ausgerechnet von den Kuruzzen gerettet, deren berühmt-berüchtigte Fischsuppe ihn wieder zum Leben erweckt. Die bis dahin kontrastierenden Gegenwelten Hof und Kuruzzen treffen aufeinander. Es ist die böse Ironie des Stückes, dass just in dem Moment, als die Komödianten in den Donauauen vernichtet werden, Joseph I. – der historischen Wahrheit gemäß – mit 32 Jahren an den Blattern stirbt.

Bei Erwin Riess sind die Kuruzzen unter Führung des Magnaten Ferencz II. Rákóczy ein Trupp von Desperados rund um die vazierende Schauspieltruppe »Maria Nostra«. Kunst und Kampf sind eng miteinander verbunden. In der Regie von Erhard Pauer entstand eine spritzige Produktion in einer schwungvollen und sinnlichen Inszenierung, die im Theater im Depot ein interessiertes Publikum fand. Es spielten im Ensemble des Volkstheaters einige bekannte Namen aus der heimischen und internationalen Musikszene mit, wie die »Wiener Tschuschenkapelle«.

Vorhang auf auch für die österreichische Theaterszene, die so genannten freien Gruppen und Initiativen. Sie hatten ihren eigenen Freiraum beim Festival, den sie rund um österreichische Stoffe und Autoren heftigst nützten: »Gallahahn«, eine Geschichte um eine Frau, die jahrelang als Mann in der österreichischen Armee diente, von Kurt A. Schantl in der Regie von Conny Hannes Meyer. Auch »Mark und Pein« von Helmut Korherr erzählt von einer Frau, nämlich der ersten Gemahlin des heiligen Leopold. Weiters gab es den Nibelungenverschnitt »Blut/Strom« mit Airan Berg und Martina Winkel sowie »Dreck« von Robert Schneider, das von Sad, einem persischen Rosenverkäufer in Wien, handelt. Der in Teheran gebürtige Massud Rahnama spielte sehr eindrucksvoll die Hauptrolle.

Der Captain wünscht sich ein Bild: die Insel der Seligen, umspült
vom Fluss Donau, vom Fluss der Zeit zwischen Byzanz, Bulgarien,
Österreich und den Allegorien und den Nymphen der Kunst.
Stoimen Stoilov malt es ihm, und er bedankt sich.
Und wenn er zu Karin sagt, die gerade Rot in Rot malt:
»Weißt du, junge Frau, die Habsburger hatten auch rote Zeiten und
in Wirklichkeit waren die Kuruzzen eine große Gefahr und die Sache
mit Spanien war auch nicht so einfach und unsere Söldnerheere haben
Südamerika mit erobert und Montezumas Kopfschmuck ist noch
immer in der Wiener Schatzkammer«, dann nickt sie verständnisvoll,
taucht den Pinsel in den Farbklecks ihrer Palette und
malt weiter Rot in Rot.

Und als Klaus Maria Brandauer zu 1000 Jahre Österreich in der restlos überfüllten Kremser Sporthalle las – er bekam den schönsten Lesetisch der Stadt –, wurde der Abend zur Hommage an Österreich von Grillparzer bis Altenberg. Ein völlig anderes Österreich-Bild zeichneten Otto Schenk und Peter Turrini mit einer Lesung aus Werken von Helmut Qualtinger.

»Wenn wir den Schriftsteller Helmut Qualtinger wirklich leben lassen wollen, dann müssen wir endlich auf- und annehmen, wovon dieser Autor redet: das ganze Ausmaß jener politischen und menschlichen Schweinerei, die unter uns und vielleicht auch in uns lebt«, meinte Peter Turrini zu diesem Vorhaben. Der Schauspieler und der Schriftsteller nahmen sich der Qualtinger-Texte auf humorvolle Weise an und präsentierten sie heiter, ohne »Quasis« Zynismen zu überdecken.

Der Blick auf Österreich von außen durfte auch nicht fehlen: Das Ballett des Saarländischen Staatstheaters Saarbrücken zeigte seine Produktion »Requiem!!« erstmals in Österreich im Theaterhaus/Alte Sporthalle. Die vertanzte Interpretation des Spätwerkes von Wolfgang Amadeus Mozart wurde von der gebürtigen Ostdeutschen Birgit Scherzer in Deutschland mit großem Erfolg aufgeführt, und auch in Österreich wurde die Arbeit freundlich aufgenommen. Scherzer entschloss sich, die liturgisch vorgeschriebene Reihenfolge nicht einzuhalten. Wobei die Schlüssigkeit ihrer Neureihung nicht einmal eingeschworene Mozart-Fans abschreckte.

Die Künstler waren wie jedes Jahr großartig, besondere Highlights: der Drei-Personen-Zirkus Que-

Cir-Que – eine Non-Stop-Bewegung dreier Menschen um eine zentrale Säule in der Mitte der Arena als Choreografie und tiefgründige Performance der zwischenmenschlichen Dramaturgie; etwas komplett Neues in der Zirkuswelt. Das Trio hat der Freude am Zirkus eine fünfte Dimension hinzuerfunden. Es ist eines der prominentesten Vertreter einer jungen Zirkus-Tugend, die unter dem Begriff »Nouveau Cirque« in der ganzen Welt ihre Protagonisten hat.

Die Handspring Puppet Company aus Südafrika spielte in den St. Pöltner Stadtsälen »Faustus in Africa!«. Die fast lebensgroßen Puppen wurden von je

Que-Cir-Que – Minimalistischer Drei-Artisten-Zirkus der ganz großen Illusionen.

1996

zwei Personen geführt. Nur einer ist keine Puppe: Mephisto. Der fantastische Inhalt ist in Kürze erzählt: Mephistos Wette mit Gott und dem Auftritt einer teuflischen Blaskapelle sieht man in einem prachtvollen Kolonialhotel entgegen. Der weißhäutige Doktor fiebert und möchte sterben. Mephisto bietet ihm einen Pakt an und lädt ihn zu einem Flug durch Afrika ein. Das Flugzeug verwandelt sich in einen bösartigen Moskito, der den Kolonialismus wie eine tödliche Krankheit verbreitet. Auerbachs Keller liegt in Dar-Es-Salam, wo weiße Herren zu schwarzer Musik tanzen. Fausts Menü besteht aus Baumwolle, Elfenbein, Tropenhölzern, Anbauflächen, Bergwerken und Kaffee. Mephistos Haustier ist eine Hyäne, Gretchen arbeitet als schwarze Krankenschwester im Labor, unter ihrem Mikroskop sieht sie abgerissene Arme – die zerstückelten Teile des Kontinents. So hat alles begonnen. Diese wohl eigenwilligste Produktion ging in die Festivalsgeschichte bei Besuchern und Kritikern als besonders gelungener Beitrag zur Offenlegung der sozialen Probleme in der Dritten Welt ein. Die Umlegung des Faust-Stoffes auf afrikanische Verhältnisse – im Sinn eines noch immer bestehenden Kolonisationsgeistes – machte die Produktion zum Kultstück.

»Kuruzzen« – die historische Gefahr für das Habsburgerreich als Aktionstheaterstück von Erwin Riess. Inszenierung: Erhard Pauer.

»Inschrift für Eden« –

Nach sieben Jahren

Abwesenheit die erste

Choreografie von Liz King

mit dem Tanztheater Wien

in Österreich.

1 9 9 6

Konzert der Mythen in der Dominikanerkirche Krems: Erwin Kiennast mit Ensemble und Solisten wie dem Cello-Virtuosen Wolfram Huschke und der mongolischen Sängerin Sainkho Namchylak.

1996

Eine Fotoausstellung bereicherte in diesem Jahr die bildende Kunst. Nachdem uns Lukas Beck einige Jahre bereits als Bühnenfotograf begleitet hatte, widmeten wir ihm 1996 eine Ausstellung, die die Dimensionen des Gewöhnlichen sprengte: Wir ließen einige seiner kraftvollen Fotografien als riesige Triumphbögen in Krems aufstellen und zeigten seine Bilder im Augen-Blick-Zelt im Stadtpark. »Augen-Blick« nannte sich auch die Schau, die »Kunst über Kunst« zeigte. »Wenn Bühnenkünstler Bilder erzeugen, so tun sie das in den Köpfen ihrer Zuschauer. Wie kann da eine Momentablichtung ihrer pantomimischen Leistung auch nur ein Teilchen dessen transportieren, was ihre Kunst ausmacht?«, fasste Lukas Beck die grundsätzliche Problematik seines Metiers zusammen. Die Schwierigkeit jedes Bild- und Fotokünstlers, aus dem Ablauf eines Prozesses lediglich einen Moment zu entnehmen und sowohl Ausdruck als auch Inhalt zu transportieren, gelingt Lukas Beck allerdings in besonders beeindruckender Form. Dies scheinbar ohne Probleme, denn Bühnenfotografie ist ein besonders anstrengendes Metier, wenn man bedenkt, dass gerade öffentlich agierende Zeitgenossen ihre Wirkung zu einem nicht geringen Teil aus optischen Effekten beziehen. Lukas

Handspring Puppet Company aus Johannesburg: »Faustus in Africa!« Spiel der Menschen, Puppen und bewegten Bilder.

»Wenn Bühnenkünstler Bilder erzeugen, so tun sie das in den Köpfen ihrer Zuschauer. Wie kann da eine Momentablichtung ihrer pantomimischen Leistung auch nur ein Teilchen dessen transportieren, was ihre Kunst ausmacht?«

[Lukas Beck]

Beck beweist darüber hinaus menschliches Einfühlungsvermögen, das wiederum vor allem Bühnenkünstler zu schätzen wissen.

Und wir holten den Magnum-Star Inge Morath noch vor der Wiener Kunsthalle nach Österreich. Mit der Ausstellung »Donau« zeigte sie in dem ihr eigenen Reportagestil den gesamten Donauraum in seiner Entwicklung als mitteleuropäischen Kulturraum. Eigentlich wollte sie mit ihrem Mann Arthur Miller zur Vernissage kommen. Doch Erhard Busek, damals Vizekanzler, musste die Ausstellung ohne die prominente Künstlerin eröffnen – Inge Morath war leider verhindert.

Der Captain wird zum Kulturvisionär.
Schon morgen wird er dem Geist den Vorschlag unterbreiten,
mehr Kunstpfade durch Niederösterreichs Städte
zu legen und den Vierteln des Landes
Basiskultur zukommen zu lassen.
Da kann die »Donaufestival-Off-Line« helfen.
Der Captain hebt sein Glas und leert ein Viertel
auf die künftigen fünf Viertel und ihre Feste.
Und dann schreibt er weiter
an seiner Bordzeitung, dem Schiffsmagazin.
Er ist stolz, dass das Land und sogar die Konkurrenz
gern auf seine Ideen zurückgreifen.

Ganz im Sinn des mitteleuropäischen Gedankens luden wir Stipendiaten von KulturKontakt ein, im Rahmen des Donaufestivals 1996 ihre Kunst zu präsentieren: Judith Horváth und Rita Matis aus Ungarn sowie Sanjin Jukić aus Bosnien. Für ihre Arbeit in Krems haben Horváth und Matis, die seit 1987 gemeinsam mit Installationen und Objekten arbeiten, eine Metallkonstruktion gebaut, die mit verschiedenen Drucktechniken kaschiert wurde.

Der aus Sarajevo gebürtige Sanjin Jukić wiederum zeigte 21 quadratische Fahnen, auf denen er die von ihm ausgewählten Staaten nicht immer mit ihrem Staatsemblem, sondern mit Synonymen ausstattete und damit den gegenseitigen Einfluss von Kunst, Medien und Politik demonstrierte.

Musikalisch bot sich Eigensinniges mit der Präsentation der damals langsam salon- und radiofähig gewordenen »Volxmusik« und der Veranstaltung »Grad/Schräg«. Das illustre Völkchen, das zur Stromgitarre jodelte, kabarettistische Texte mit zünftigen Landlern paarte und mit Krachlederner und Trachten-Janker bekleidet zu Reggae-Beats über Hiatamadln sinnierte, wuchs rasch zu einer bunten Armada, die, mit Geigen, Harmonika und Tuba bewaffnet, sowohl donauauf- als auch donauabwärts der Volkstümelei den Kampf ansagte. Im Kremser Theaterhaus/Alte Sporthalle traten im Millenniumsjahr die »Bad Ausseer Hardbradler« mit VolksRockMusik ebenso auf wie das Trio »sOUndsO« mit jazzigen Elementen im hoamatlichen Sound wie die »bayrischen Pogues«, nämlich die Gruppe »Hundsbuam Miserablige«. Der Starfilmer Joseph Vilsmaier – auch aus Bayern – zeigte seine Hubert von Goisern-Dokumentation vom letzten Auftritt Huberts. Die bayrische Musik-Kabarett-Gruppe »Bairisch-Diatonischer Jodel-Wahnsinn«, die jeden aufs Korn nimmt und schon mal die Gäste zum Weißbierholen schickt, ehe sie weiterjodelt und -geigt, trat hingegen im Spiegelzelt auf, was der Atmosphäre einen besonderen Reiz gab.

Apropos Spiegelzelt: Die Kleinkunst durfte auch dieses Mal nicht fehlen. Die Szene hatte sich seit den achtziger Jahren in die unterschiedlichsten Richtungen weiterentwickelt. Wir hatten drei Repräsentanten des boomenden österreichischen Kabaretts eingeladen: Andrea Händler, Günther Paal und Alfred Dorfer. Andrea Händler trat mit ihrem Solo-Debüt-Programm »Diskret« auf: Die freche junge Kabarettistin, die lange Jahre mit der Gruppe »Schlabarett« auf der Bühne stand, machte sich in erster Linie über die Männer lustig, die sie nicht nur in Peep-Shows beobachtete, sondern auch bei so manch anderen Ungeschicklichkeiten ertappte. Aber diskret, bitte! Und auch Günther »Gunkl« Paal, der wiederum mit Ex-»Schlabarett«-Mitglied Alfred Dorfer als Saxophonist auftritt, debütierte 1996 mit eigenen Soloprogrammen der intellektuellen Gehirnakrobatik. Mit »Das Beste aus den

1996

nächsten 6 Programmen mit Ausnahme des 5.« war er auch zu Gast bei »EigenSinn«. Und zu guter Letzt ein bayrischer Gast: Georg Ringsgwandl mit seinem Musikkabarett »Staffabruck«, in dem er in seinem für ihn typischen zornigen Bairisch Geschichten erzählte, die als Songs so schräg daherkommen, dass sich kein Zweiter einen solchen Auftritt hätte leisten können. Auch Max Raabe durfte nach seinem großen Erfolg 1995 beim Donaufestival 1996 nicht fehlen, diesmal mit einem Programm unter dem Titel »Du hast Glück bei den Frau'n, Bel Ami ...«. Der junge Mann aus Westfalen mit abgeschlossener Opernsängerausbildung kann wie kein anderer heute die deutschen Schlager der zwanziger und dreißiger Jahre einem begeisterten Publikum zu Gehör bringen.

Auf eine besondere musikalische Uraufführung konnten wir 1996 stolz sein: das »Konzert der Mythen«. Der Pianist, Arrangeur und Dirigent Erwin Kiennast beschäftigte sich lange Zeit mit den Klöstern und Stiften Niederösterreichs, die ihn zu einer Reflexion auf die Mythologie des Donauraumes inspirierten. Verdichtet zu zehn Hörbildern, war das entstandene Werk ein Brückenschlag zwischen musikalischen Grenzwelten, die von so unterschiedlichen Menschen

Fotoausstellung von Lukas Beck im AugenBlick-Zelt im Kremser Stadtpark.

Ballett des Saarländischen Tanztheaters: »Requiem!!« – Choreografie Birgit Scherzer, Musik von W. A. Mozart.

wie einem Mönch, der den Manager-Nadelstreif gegen die Kutte tauschte, einer sibirischen Obertonsängerin, die in Wien sesshaft wurde, einem schwedischen Tenor auf der Durchreise und einer Jazz-Harfenistin »back from the States« interpretiert wurden. Ein großer Erfolg in der Dominikanerkirche.

In diesem Jahr gab es auch den 70. Geburtstag Friedrich Cerhas zu feiern. »Musik – Atem der Statuen, vielleicht – Stille der Bilder«, schrieb Rainer Maria Rilke, als hätte er die Musik des Jubilars gekannt. Womit, wenn man will, freilich auch gleich der Mensch Friedrich Cerha charakterisiert sein könnte. Als einer der sprichwörtlich Stillen im Lande, der dank seiner variantenreichen Fantasie die Entwicklung der europäischen Musikgeschichte wahrhaft um Monumentales bereichert hat. Immerhin zählt Cerha zu jenen, die mit ihrer Kreation von quasi musikalischer Statik der damals längst in eine Sackgasse geratenen zeitgenössischen Musik das Tor zu einer neuen Entwicklung geöffnet haben. Zeitgleich mit György Ligeti, dem lange der Primat der Erfindung dieser Klangflächenmusik zugeordnet wurde.

Ein Umstand, den nicht zuletzt Ligeti selbst korrigierte und über Cerha anlässlich seines Geburtstags

schrieb: »Zur gleichen Zeit und unabhängig voneinander entwickelten Cerha und ich die Konzeption eines musikalischen Kontinuums: Cerha begann die Arbeit an seinem radikal statischen Orchesterstück ›Fasce‹, und ich schrieb die zwei Sätze der ›Apparitions‹. Ich erinnere mich, wie erstaunt und enthusiastisch wir beide waren, als wir uns gegenseitig die Skizzen zeigten: Unbewusst reagierten wir beide auf ein ästhetisches Problem, das sozusagen in der Luft lag.«

Das Donaufestival brachte als Hommage an Friedrich Cerha zu dessen Siebziger jene Chansons zur Aufführung, die er nach Texten von Ernst Kein komponierte. Von seinem Freund und Wegbegleiter Nali Gruber kongenial gemeinsam mit dem Ensemble »die reihe« interpretiert, gab es »In memoriam Ernst Kein – Keintate II« zu hören.

Ein anderer Gruber, nämlich Gerhard Gruber, ist Komponist und Interpret am Klavier – und begleitet Justus Neumann. Sehr österreichisch beschreibt sich der Humor-Künstler selbst: »Durch meine vielen Wiedergeburten im letzten Jahrtausend trage ich das nämliche Chaos mit mir herum!« Zum Thema »Eigen Sinn« fiel den beiden Gründern des »Zirkus für einen aufgebundenen Bären« eine der boshaftesten Collagen aus Couplets und Texten von Johann Nestroy, Karl Kraus, Peter Altenberg und Christine Nöstlinger ein: »Erschießen Sie sich und leben Sie wohl!« – dem Österreicher aus seiner 1000-jährigen Seele vorgetragen.

Auch in diesem Jahr stand der »JuniTanz« im Mittelpunkt des St. Pöltener Programms, damals immer nur in der »Bühne im Hof«, denn 1996 wurde das von uns propagierte und so wichtige Festspielhaus von Intendant Dieter Rexroth zwar eröffnet, als Bühne stand es für uns nicht zur Verfügung. Mit »Der Süden tanzt« zeigten wir spannende Produktionen wie jene der Compañía Andaluza de Danza, in der die spanische Folklore (= Flamenco) in moderner, ansprechender Choreografie und höchster künstlerischer Qualität präsentiert wurde.

Dem Trend des Ethno folgend, zeigte auch das afrikanisch-europäische Ensemble Compagnie Ebène ein modernes Märchen mit dem Titel »Yenenga«. Es handelt von einer afrikanischen Prinzessin, die das verlorene Licht der Dorfbewohner wiederfindet.

Geschrieben hatte es die Choreografin Irène Tassembedo selbst – denn sie mag Geschichten, die gut enden, »weil das Leben ganz anders ist«. Unter ihrer Leitung gelang es der Truppe, athletisch stilisierten Modern Dance mit typisch afrikanischen Formen zu verbinden. Im Unterschied zum Ballett, das mit den Prinzipien Anspannung und Isolation arbeitet, gibt es im Afro-Dance keine isolierte Bewegung. Die kleinste Veränderung der Fingerspitze erfasst den ganzen

Ballett des Saarländischen Tanztheaters: »Requiem!!« – Tanz als allgemeines Gut der Menschen.

Körper. Der Tänzer steht mit der ganzen Fußsohle am Boden, was Stabilität und Balance vertieft. Die Choreografie war eine Formation aus Bewegungen des Alltags, der Arbeit und der Sexualität. Die Aufführung wurde zu einer spannenden Begegnung mit dem Black Dance.

Dem Tanz als allgemeines Gut der Menschen widmeten sich Liz King und das Tanztheater Wien mit ihrem Tanzstück »Inschrift für Eden«. Für diese Produktion suchte die arrivierte Choreografin eine Welt der unerschrockenen Begegnungen, eine Wildheit des Körpers und dionysische Erinnerungen auf. Eine Welt, in der Rohheit sich mit Zärtlichkeit vereinen konnte. Beim Donaufestival 1996 konnten wir sie als »Heimkehrerin« begrüßen. Denn die gebürtige Britin, die ihres Mannes wegen nach Wien kam, hatte in den achtziger Jahren Bewegung in die Wiener Tanzszene gebracht. Nach sieben Jahren Abwesenheit kam sie wieder nach Österreich zurück – nach St. Pölten.

Aus der Morgenansprache des Captains:
»Heuer geht's um EigenSinn, um uns, unsern Stolz, unsere Sturheit, unsere Qualität, das Ganze hat auch viel mit Tief-Sinn zu tun, wir sind ein fahrendes Festival, da geht es um die Sache Kultur und was die anderen und wir drüber selbst schreiben und sagen. Aber das Wichtigste: Verachtet mir den Un-Sinn nicht, sonst stranden wir.«

Einen weiteren Aspekt bot die Compagnie Mossoux-Bonté an: Mit »Die letzten Versuchungen des Lucas Cranach« brachten sie ein Stück auf die Bühne, das sich mit der sinnlichen Welt der Renaissance auseinander setzte. Die dekadent feinsinnigen Bildgeschöpfe des Lucas Cranach hatten die belgischen Künstler Nicole Mossoux, Tänzerin und Choreografin, und Patrick Bonté, Dramaturg, zu einem ungewöhnlichen Tanzstück angeregt, das in der Traumwelt lebendiger Cranach-Figuren mehr geschah als spielte.

Im Traisenpavillon gab es eine sehr innovative Workshop-Reihe, kuratiert von St. Pöltens »Plattform«-Begründerin Michaela Steiner. Hier unterrichteten bekannte Künstler wie Marilyn Berry, die Mitbegründerin und Co-Choreografin der spektakulären französischen Compagnie »Black Blanc Beur« – einer Truppe, die mit ihrer originellen Mischung aus Rap, Hip-Hop und Break Dance weltweit Furore gemacht hat. Ebenfalls hochkarätig Editta Braun, die zu den erfolgreichsten österreichischen Choreografinnen zählt, Bob Curtis, der Altmeister des zeitgenössischen Afro-Dance, oder Vicente Sáez mit einem temperamentvollen Flamenco-Kurs. Der mittlerweile mehrfach ausgezeichnete Elio Gervasi, der aus der Wiener Tanzszene heute nicht mehr wegzudenken ist, gab im Traisenpavillon ebenso Unterricht wie der Tanzpädagoge Manfred Aichinger. Damals völlig neu in der Szene war die Einbindung von Behinderten durch Daniel Aschwandens Kurs »Körperintegration«. Im Zentrum seiner Arbeit stand die »Contact Improvisation«, eine Duettform, bei der durch den Wechsel von Belastung und Impuls ein körperlicher Dialog hergestellt wurde: Fernab therapeutischer Ansprüche ging es um die Suche nach den eigenen tänzerischen Möglichkeiten.

Ein zweiter Aufführungsort in St. Pölten, der von uns seit dem Vorjahr bespielt wurde, ist die Synagoge – ein recht interessanter, allerdings akustisch ein wenig eigenwilliger Veranstaltungsraum. 1996 trat dort die australische Aufsteigerband »naked raven« auf. Die Vier kommen aus Melbourne und sie starteten bei uns ihre Europatournee. Ihr Mix aus Klassik, Irish, Pop und eigener Musikauffassung machte sie in den nächsten Jahren zu Fixstartern auf vielen Festivals. Ihre Musik und dazu die Stimme von Erika Grundell, die an Tori Amos ebenso erinnert wie an Suzanne Vega oder Patty Smith, sorgte für einen stimmungsvollen Ausklang des Donaufestivals »EigenSinn«.

Diesmal waren 50 Ensembles und Künstler aus 15 Ländern in Niederösterreich zu Gast. In der Akzeptanz und in den Medien waren wir von nun an ganz vorn. Das Donaufestival war in der Kulturlandschaft ab diesem Zeitpunkt höchst präsent. Alles freute sich schon auf die Reise zu den Quellen 1997 – als vorläufigen Abschluss der Donaureisen.

Eigen Sinn

Paco Peña	Misa Flamenca	14. 06.
Georg Ringsgwandl	Staffabruck	14. 06.
Gerda Rogers	Ö3 Sternstunden	14. 06.
Inge Morath	Donau – Fotoausstellung	14. 06.
Rita Matis	Objekte	14. 06.
Erwin Riess	Kuruzzen	15. 06.
Que-Cir-Que	Poetischer Avantgarde-Zirkus	15. 06.
Justus Neumann	Erschießen Sie sich und leben Sie wohl!	15. 06.
Lukas Beck	Augen-Blick	15. 06.
Sanjin Jukić	The Flags	15. 06.
Peter Turrini	Helmut Qualtinger	15. 06.
Bairisch-Diatonischer Jodel-Wahnsinn	Musikkabarett	16. 06.
Gunkl	Das Beste aus den nächsten 6 Programmen ...	17. 06.
Musikhauptschule Wien III	Von Streit- & Kampfhähnen	17. 06.
8B des BG und BRG St. Pölten	Jandln	17. 06.
Ballett des Saarländ. Staatstheaters	Requiem!!	18. 06.
Ensemble die reihe	Hommage an Friedrich Cerha	18. 06.
Burgenländische Kulturzentren	Gallahahn	18. 06.
Frankfurter Kurorchester	Rausch	19. 06.

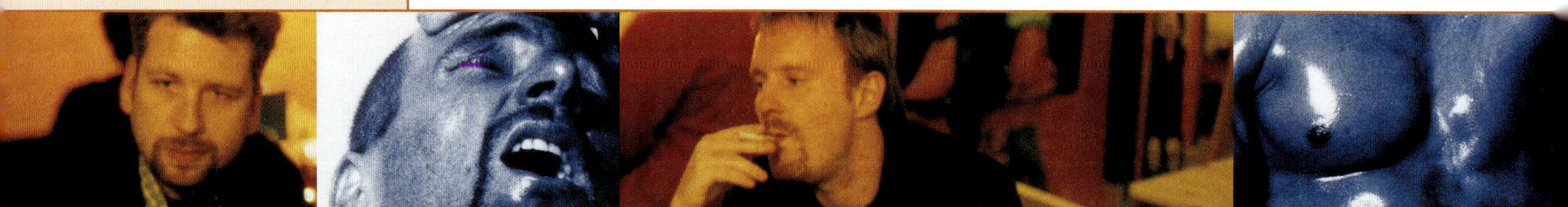

1996
Programm

1000 Jahre Österreich

Trittbrettl	Die kleine Figur des Malers Pablo	**19. 06.**
Theatergruppe Gohar Morad	Dreck	**19. 06.**
Andrea Händler	Diskret	**20. 06.**
Volx-Musikanten	Grad/Schräg	**21. 06.**
Jordan & Arias	Les Grisettes – Operettencocktail	**21. 06.**
Helmut Korherr	Mark und Pein	**21. 06.**
Max Raabe und das Palastorchester	Du hast Glück bei den Frau'n, Bel Ami ...	**22. 06.**
Grissemann und Stermann	Salon Helga	**22. 06.**
Klaus Maria Brandauer	Tausend Jahre Österreich	**23. 06.**
Erwin Kiennast	Konzert der Mythen	**23. 06.**
Airan Berg	Blut/Strom – Schattentheater	**23. 06.**
Compañia Andaluza de Danza	Der Süden tanzt	**24. 06.**
Handspring Puppet Company	Faustus in Africa!	**26. 06.**
Compagnie Ebène	Yenenga	**27. 06.**
Compagnie Mossoux-Bonté	Die letzten Versuchungen des Lucas Cranach	**28. 06.**
Tanztheater Wien	Inschrift für Eden	**29. 06.**
Casablanca Ensemble Modern	Casablanca Concert	**29. 06.**
naked raven	Blame	**07. 07.**
Sommerspiele Stift Altenburg	Das Narrenschiff	**20. 07.**

Zu den Quellen

Von Flussfahrten Dichtern + Enthusiasten

1 9 9 7

Die Reise geht zu den Quellen. Ein Festival, dessen Programm
sich in erster Linie der Kunst widmet.
Holz-Art als Verbindungselement. Auf der Donau wird geflößt.
Ein Holzpfad führt durch Krems. Poetische Bilder
im Theaterzirkuszelt.

1997

Zu den Quellen

Die Floßfahrt nach Krems und »Kultur am Holzweg« führen zu den elementaren Möglichkeiten eines Festivals. [rechts: Voyageur immobile]

Der Triestiner Kulturphilosoph Claudio Magris schrieb in seiner »Biografie eines Flusses«: »Seit dem Nibelungenlied stehen sich Rhein und Donau voller Misstrauen gegenüber. Der Rhein ist Siegfried, germanische Tugend und Reinheit, Nibelungentreue, heldenhaftes Rittertum, deutsche Seele. Die Donau hingegen ist Pannonien, das Reich Attilas, orientalische, asiatische Flut, die die germanischen Werte und Tugenden untergehen lässt«. Tatsächlich aber umfasst das Donaueinzugsgebiet rein hydrografisch sowohl urdeutsche Regionen wie den Schwarzwald, Franken, Bayern, dafür nicht den Böhmerwald, nicht Südtirol, nicht Friaul, nicht den Westen Sloweniens mit dem Isonzo, nicht Dalmatien und nicht das polnische Galizien – alles Regionen, die sich selbst einem »erweiterten« Donauraum zurechnen. Was wiederum heißt, dass der kulturelle Begriff sich keineswegs geografisch deckt.

Gerade deshalb führte unsere Donaureise 1997 zu den Quellen, in eben jene Regionen, die sich auf Grund historischer Zusammenhänge nicht zum Kulturraum Mitteleuropas zählen. Die Reise machte Lust auf Kunstsinnigkeit. Die Sehnsucht nach dem Elementaren, konkret zum Ursprung, nach Wasser und Feuer stand diesmal im Vordergrund: Das Donaufestival 1997 sollte ein Reservat für Querköpfe und Kulturbesessene werden. »Zu den Quellen« war die Suche nach schönen Musik-Klang-Welten, Sprachwelten, Formen. Dazu fanden wir Verbündete: das Staatsschauspiel Stuttgart, die Ludwigsburger Schlossfestspiele, die Donaueschinger Musiktage, den Sender Baden-Baden, das Theaterhaus Stuttgart, den Tübinger Raum, Freiburg. In diesem Zusammenhang erinnere ich mich gern an Ulrike Kuner, unsere schwäbische Mitarbeiterin, die sich in die Musik- und Tanzprogramme dieses Jahres sehr stark eingebracht hat.

Niederösterreich hatte damals begonnen, sich dem Ökonomiemotiv zuzuneigen, denn eines war klar: die Eigen-Kunst wurde immer fordernder, da man sich die Ziele immer höher steckte. Mir erschien der offene Diskurs im »Donaumagazin« und in den Medien – auch in der Kunstwelt – sinnvoll, da wieder einmal eine Budgetverknappung drohte, obwohl alle immer wieder betonten, das Festival zu lieben und dahinter zu stehen. Die Politiker selbst wurden freilich durch die hohe Akzeptanz des Donaufestivals verwöhnt. Es erzeugte permanent Aufmerksamkeit pro cultura. Die Medien waren über das vielfältige Angebot auch recht erfreut, weil Programme und Themen für Berichterstattung und Feuilleton gleichermaßen brauchbar waren. Wir hielten die Spannung aufrecht – das hatte Sinn und verwies jene Geister in ihre Schranken, die gern das Festival unbedeutender gesehen hätten. Für uns gab es nur ein glühendes Bekenntnis zur Kultur, zur Kompromisslosigkeit, zur ewigen Sehnsucht, zum Aufbruch, zur Durchdringung, zu Querverbindungen, zum Gesamtbild. 1997 planten wir eine Kunstreise quer durch Fakultäten, Landschaften, Institutionen, Herzen und Menschen. Kultur sollte immer wieder zu den Quellen führen. Und wir wussten, dass nur Risiko statt Routine und Gleichgültigkeit Künstler wie Publikum begeistern würde.

1997 war Franz Schubert Jahresregent. Freilich brauchte es keinen 200. Geburtstag, damit Komponisten Schuberts Musik instrumentierten, reflektierten, arrangierten: Rolf Liebermann hatte gerade Schuberts vierhändige f-Moll-Fantasie für Orchester bearbeitet, was schon Felix Mottl vor ihm tat. Gerhard Schedl arbeitete an einem Tanztheater für das Salzburger Landestheater und Otto M. Zykan hatte nach zehn Jahren wieder eine Uraufführung in Wien mit Erfolg bestanden – ein Schubert-Stück, »Wanderers Nachtlied«, das Schuberts Wortlosigkeit in die Pantomime einer Hutszene gießt und Schuberts Leben von einem Chor singen lässt.

Ich selbst beschäftigte mich schon seit vielen Jahren mit der »Unvollendeten«, wobei ich Schubert nie im Götterhain angesiedelt hatte. Für mich ist er ein Getriebener. Nach Mitternacht diese Musik zu hören, sie dabei in Sequenzen und Strömungen zu zerlegen und Schuberts Leben in seinen entscheidenden Tagen nachzuvollziehen, wurde für mich zur Leidenschaft.

Auch in seinen Briefen, in den Erinnerungen seiner Freunde zu stöbern, brachte mich dem »echten« Schubert näher. Ich dachte, die Musikwissenschaft wird mich auslachen. Was mich tröstet: Auch sie kann ihn nur deuten. Ein wichtiger Impuls kam vom deutschen Erfolgsautor Peter Härtling. Er tat für mich faszinierende Gedankengänge über Schubert und seine Krankheit auf. Und die daraus resultierenden Schaffensperioden. Doch eigentlich sollte man Schubert ruhen lassen und seine Musik genießen. Das tat ich auch – aber nur zwischendurch. Doch immer wieder hatte mich die Frage beschäftigt: Was würde er heute tun, was schaffen? Wo würde er sich aufhalten? Wie würde sich sein Freundeskreis zusammensetzen? Denn ohne seine fordernden und gar nicht selbstlosen Freunde ist Schubert unvorstellbar. Ich wurde zu Franz, bedauerte seine Mutter, beglotzte seinen strengen Vater. Schrecklich mussten auch die Nächte im Knabenkonvikt gewesen sein. Ich begann ein Projekt für das Donaufestival zu planen, das diesem Fragenkomplex gerecht werden konnte. Bald wurde mir klar: Librettisten würde ich keinen dafür finden. Bis ich einem potenziellen Kandidaten meine Vorstellungen erklärt hätte, wollte ich lieber gleich selbst meine Gedanken zur

Committed Artists: »Maria – Maria« – Musical aus Südafrika über den Befreiungskämpfer Steve Biko.

»Titanic« von der Theatergruppe Titanick, ein Open-Air-Spektakel – Allegorie auf die Technisierung der Moderne.

1 9 9 7

»Unvollendeten« niederschreiben. Schubert erlebt in meinem Text im Sinn seiner hinterlassenen »Traumnovelle« die Entstehung seiner eigenen Musik, der h-Moll-Symphonie, der so genannten »Unvollendeten«.

Das Libretto wurde zur Vorlage für eine Choreografie und für einen Komponisten. Die Entscheidung fiel auf den jungen Wolfram Wagner und auf Liz King mit ihrem »Tanztheater Wien«. Peter Keuschnig dirigierte bei der Uraufführung im Festspielhaus St. Pölten das Niederösterreichische Tonkünstlerorchester. Gespenstisch Wolfram Wagners lang gezogener Ton, der die Transformation ins Heute aus den letzten geschriebenen Takten Schuberts einletete.

Während meiner intensiven Beschäftigung mit Schubert ging ich aufs Feld vor meinem Haus im Waldviertel und begann, mit der Kettensäge aus aufgestellten Baumstämmen Gestalten herauszuarbeiten: Es entstanden abstrakte Konterfeis der Schubert-Freunde. Immer stärker der Bezug zum Holz – eigentlich der uralte Namen für Wald – und wir widmeten das Donaufestival 1997 der bildenden Kunst mit dem Motto »Kultur am Holzweg«. Dem Weg zu ihr, der Achtung vor ihr. Man soll es niemandem verargen, wenn er zur Quelle will, zur absoluten Kunst strebt. Und damit der Sonne entgegenreist.

Das Holz blieb für die vier Festivalswochen bestimmender Faktor: Seit über vier Jahrzehnten wurde erstmals wieder in Österreich ein Donaufloß gebaut und abgelassen. Erbauer und Nauführer war Franz Brandner, der als Jugendlicher noch die Kunst des Flößens erlernt hatte und auf eine Flößer-Dynastie von acht Generationen zurückblicken kann. Seine Töchter Birgit und Barbara sind Donauflusskapitäne und fahren mit der MS Austria. Das eigens für das Donaufestival angefertigte Floß wurde aus 82 Stämmen gezimmert, ist 40 Meter lang und zehn Meter breit – und hat ausnahmsweise eine Toiletteanlage an Bord. Zur Eröffnungsfahrt von Melk nach Krems wurde es von vielen tausend Menschen verabschiedet und in Krems begrüßt. An Bord befanden sich Landeshauptmann Erwin Pröll, Niki Lauda, Rudolf Streicher,

Tanztheater Wien: »Unvollendete ...« – Schuberts traumverlorener Gang durch verwinkelte Gefühlswelten ist ein Kampf gegen die Schnelllebigkeit des Zeitgeistes.

Leo Maderthaner, der Flößer und Kapitän Franz Brandner, seine fleißig Most ausschenkende und Jause verteilende Ehefrau, die Tochter und Kapitänin Birgit und die Donaufestival-mann-frau-schaft. Als wir mit dem Floß von der Schiffsanlegestelle Melk ablegten, meinte ich: Wird ein netter Nachmittag die Donau runter, etwas langsam vielleicht, aber sind ja interessante Leute da. Eine ruhige Fahrt begann. Die Sonne lachte, die Tanzgeiger spielten einen schneidigen Landler, niemand war wirklich ›z'wida‹, mir selbst tat das gut – Friede, Sonne, Freude, Heiterkeit, Entschleunigung. Der Most machte die Stimmen bald lauter und eine gewisse gelassene Ausgelassenheit verschmolz mit dem märchenhaften Dahingleiten auf der Donau durch eines der schönsten Landschaftsgebiete Europas zu einem raren und unvergesslichen Stimmungsbild. Alles in Ordnung also. In diesem Augenblick wechselte ein uns entgegenkommender Frachter aus der Ukraine unvermutet die Flussseite und die Ruderknechte ruderten um ihr Leben, um den Floß – in der Fachsprache heißt es wirklich ›der‹ Floß – aus der Schusslinie zu bugsieren. Das Manöver gelang freilich bravourös – Applaus! Eine riesige Bugwelle verschaffte uns allen die notwendige Abkühlung.

»Kultur am Holzweg« –
Sigrid Perthen und
Ulrike Weiss:
»MaterialBewegung –
Holz und Papier im Raum«,
Rauminstallation
in der Dominikanerkirche.

»Der« Floß stand symbolisch für das Donaufestival 1997 und für das Thema »Zu den Quellen«. Er fuhr zwar in die falsche Richtung, doch es führte zum Elementaren: zu Wasser und Holz. Und dort, wo der Floß in Krems anlegte, begann ein Skulpturenpfad, der Krems vier Wochen lang schmückte: »Kultur am Holzweg« war eine Aktion von 13 Künstlern aus Österreich, Rumänien und der Ukraine, die Holzkunst im öffentlichen Raum und in der Dominikanerkirche ausstellten. Es waren durchwegs Projekte, die eigens für das Festival verwirklicht wurden: Werke von Dieter Graf, Johann Hrubes-Hammerbach, Johannes Kastinger, Ernest A. Kienzl, Johannes Krumbach, Richard G. Künz, Gert Linke, Marilena Predasânc, Anna Sidorenko, Peter Weber, Ronald Zechner. Sie alle waren beteiligt an der Verwirklichung des »Holzweges«. Und in der Dominikanerkirche am Körnermarkt im alten Stadtkern von Krems stellten Sigrid Perthen und Ulrike Weiss aus Baden-Württemberg eine »MaterialBewegung – Holz und Papier im Raum« zur Schau.

In der Dominikanerkirche fand auch die Eröffnung des Donaufestivals 1997 statt, wobei das Festival sich und dem Auditorium kritische Fragen zu stellen begann: Soll Kultur künftig immer mehr den Weg in

Szenenausschnitt aus »Titanic« – Monumental und trickreich, wie man es sonst nur aus dem Kino kennt.

»Unvollendete …«

von Franz Schubert und

Wolfram Wagner,

choreografiert von Liz King,

Tanztheater Wien,

uraufgeführt am 5. Juli 1997

im Festspielhaus St. Pölten.

Richtung Berechenbarkeit, Rentabilität, Harmlosigkeit und gleichzeitige Kontrollierbarkeit durch fördernde Stellen gehen? Darf man sich wehren? Als Metapher mussten die aufmüpfigen Geister der Schwäbischen Dichterschule herhalten: Wilhelm Hauff, Eduard Mörike und Friedrich Hölderlin. In einer Parabel – für die Eröffnung geschrieben. Ein Intendant, der die schöne Kulturwelt vertrat, und sein Widerpart, der schnöde Mammon. Einige schöne Aktionen: Zwischen den Festgästen im Holz tauchten allegorische Figuren wie Kalif Storch und die arbeitslose Jungschauspielerin auf. Auf einer Holzbrücke über den Köpfen des Eröffnungspublikums sang die französische A-cappella-Frauengruppe »Evasion«. Gesang ohne Musikbegleitung begann übrigens gerade wieder beliebt zu werden: Die sechs schönen Französinnen von »Evasion« betörten nicht nur bei der Eröffnung, sondern auch bei ihrem Konzert im Spiegelzelt. Ihr männliches Pendant, die »U-Bahn Kontrollöre in tiefgefrorenen Frauenkleidern«: witzig, geil und professionell. Die »6-Zylinder« aus Frankfurt verstärkten in diesem Jahr unser ausverkauftes A-cappella-Fest.

Die Reise zu den Donauquellen ins Schwabenland führte unweigerlich in die Romantik – in die

Compagnie Philippe Genty

»Voyageur immobile«,

der bewegungslos Reisende –

eine Österreichpremiere.

Poetisches Figuren- und Bildertheater. Philippe Genty – Meister der optischen Verzauberung.

1 9 9 7

Philippe Genty: »Voyageur immobile«
Szenen einer Reise, bei der Menschen zu Puppen und Puppen zu Menschen werden. Wo Poesie und Humor, aber auch Angst und Trauer ineinander fließen.

1997

Schwäbische Dichterschule, die zu einem wichtigen Programmpunkt dieses Festivals wurde: Martin Schwab las aus den Werken Friedrich Hölderlins, Sonja Sutters Lesung widmete sich Eduard Mörike. Michael Heltau begeisterte im Spiegelzelt mit Wilhelm Hauffs Märchen »Kalif Storch« – meiner Lieblingsgeschichte. Auch Miguel Herz-Kestranek widmete sich dem Hauff'schen Œuvre: Er servierte mit Otto Lechner musikalisch-sprecherisch »Das kalte Herz«.

Aus dem heutigen Schwaben kam »Die Kleine Tierschau«. Mit dem unaussprechlichen Programm »Die große Die kleine Tierschau Show« zeigten sie, was sie außer Gitarrespielen sonst noch konnten: 1. steppen (aber nicht etwa nur auf dem Boden, sondern auch auf einem Vibraphon); 2. Saxophone Feuer speien lassen; 3. »Talk showen«; 4. respektlos alle Rockpopjazz-Klassiker umdichten.

Die Schwaben haben schon immer ein französisches Lichterl mittransportiert, kritisch-philosophisch, ein bisserl Revolution gemacht, sind auch mitunter im Elfenbeinturm gesessen und sind als ehemalige »Vorderösterreicher« den Österreichern komischerweise gar nicht gram. Wir veranstalteten erstmals eine Pressekonferenz mit dem Donaufestival im

Kultur soll immer wieder zu den Quellen führen, soll suchen, sich erfrischen, erneuern ...

... statt sich im großen Meer

der Unverbindlichkeit,

Verwechselbarkeit und

Langeweile zu verlieren.

1997

Ausland – in Stuttgart – auf Einladung von Ministerpräsident Teufel. Die Medien waren sehr interessiert, denn wir arbeiteten diesmal an einer Koproduktion mit den Ludwigsburger Schlossfestspielen und präsentierten erstmals Künstler vom Musikfest Donaueschingen beim Donaufestival.

Es wurde ein sehr themenbezogenes Festival zum Abschluss des Reisezyklus »Donau«. Und gespielt wurde auf der Donau, in St. Pölten erstmals im Festspielhaus, in der Bühne im Hof, in Krems in zwei adaptierten Theaterräumen in der alten Sporthalle, im Theaterzelt, im Spiegelzelt im Stadtpark. Ein Riesenfestival. Dennoch durften die österreichischen Kleinkunst-Szene-Stars nicht fehlen: Roland Düringer, Andreas Vitasek und Joesi Prokopetz hatten bereits ihr Stammpublikum. Dazu kamen fast schon traditionell die Gäste aus Bayern: Der aus Passau stammende Kabarettist Sigi Zimmerschied agierte mit großen Lacherfolgen zwischen den Zuschauern, ohne jemals die – mit Requisiten vorbereitete – Bühne zu betreten. Markus Jeroch jonglierte schon beim Donaufestival 1991 im Zirkus »Gosh«. Diesmal ging es um Silbenakrobatik, die er seinem Publikum aus einer Mischung von Jonglage, Artistik und Literatur präsentierte. Der bairisch-diatonische Jodelwahnsinn, das satirische Musikspektakel aus Bayern, gab sich in Höchstform.

Aus dem Bordbuch des Captains: »Aus dem Nichts tauchte ein Jahr zuvor eine Gestalt auf: Rolf-Peter Schweenebauch. Er schafft die Holzskulpturengruppe ›Schubert und seine Freunde‹ aus Baumstämmen, die er in den Acker senkrecht stellt und mit der Motorsäge bearbeitet. Aus dem ausgewählten Stoff Holz strömt die Idee, die möglichst rasch umgesetzt werden muss. Der Vorgang ist unwiederholbar, die Formgebung erschöpft. Keine weitere Skulptur möglich. Ein einmaliger Vorgang. Schwingung und Formgebung ist ein Dialog mit dem Material. Nach der Präsentation in Krems wird die Figurengruppe aufs Bergfeld zurückkehren und im Acker als Gruppe bleibend aufgestellt werden.«

Beim »Wachauer Theaterfestival« in Krems – jenem Teil des Festivals, das sich in erster Linie der darstellenden Kunst widmete – war Vielseitigkeit angesagt. Mit dem Staatsschauspiel Stuttgart wurde Sprechtheater der feinsten Sorte präsentiert. Elmar Goerden inszenierte »Blunt oder der Gast«, eine merkwürdige Familientragödie, die bis dahin als unspielbar galt, geschrieben von Karl Philipp Moritz, einem Zeitgenossen und Freund des jungen Goethe. »Ein jähes, unerwartetes, kleines Theaterwunder«, urteilte die Kritik über die Aufführung.

Und wir blieben bei der Poesie mit der Präsentation des Figurentheaters in atemberaubender Schönheit aus Frankreich der Compagnie Philippe Genty und ihrer Produktion »Voyageur immobile« (»Der bewegungslose Reisende«). Genty vollzog assoziativ Szenen einer Reise nach, bei der Menschen zu Puppen und Puppen zu Menschen wurden, wo Poesie und Humor, aber auch Trauer und Angst ineinander flossen. Projektion und Schauspieler verschmolzen hier auf mehreren Ebenen zu surrealen Bildern in Miniaturen und überdimensionalen Illusionsbildern. Die großen Illusionen waren geboren – sie wurden im darauffolgenden Jahr zum Motto unseres Festivals.

Die deutsche Theatergruppe Titanick spielte »Titanic« open-air vor dem Theaterhaus: Ein Spektakel aus Wasser, Feuer, Licht, Action und Live-Musik, das die Schiffskatastrophe des Jahrhunderts thematisierte. Die Botschaft: Die Natur triumphiert, der Sieg des Menschen über die Materie ist trügerisch.

Ein mitreißendes Musical aus Südafrika über einen schwarzen »Heiligen« ließ die Problematik der Apartheid anklingen: Steve Biko war ein leidenschaftlicher Freiheitskämpfer, dessen Leben 1977 auf dem Zementboden einer Polizeizelle endete. »Committed Artists« gaben eine fulminante Österreich-Premiere.

Mir stand ein Geburtstag ins Haus, weshalb ein Fest ausgerichtet wurde, von dem ich nichts wusste. Man hat mich wirklich am linken Fuß überrascht, als ich eines späten Nachmittags zufällig ins Spiegelzelt ging und 200 Freunde und Gäste mich hochleben

Hohner-H. Schoder
LUCIA IVP

ließen. Meine ehemalige Musikgruppe »Misthaufen« mit Arthur Lauber, Momo Klambauer, Peter Siderits und Wolfgang Eyb spielte für mich auf. Und ich durfte selbstverständlich mitsingen.

Beim Tanzfestival »JuniTanz« im St. Pöltner Festspielhaus und in der »Bühne im Hof« ging es temperamentvoll zu. Zu unserem Einzug ins Festspielhaus tanzte La Compañía Andaluza de Danza eine Flamenco-Gala bester andalusischer Kunst und bot Choreografien von Hoyos und Sauras. Es folgte John Neumeiers Hamburg Ballett mit »Dornröschen« in der Choreografie des Schweden Mats Ek. Selten war ich so begeistert gewesen. Die äußerst professionell agierende Prima Ballerina brach sich leider durch die Ungeschicklichkeit ihres Partners in der Schlussszene die Nase und kam nicht mehr zum Applaus.

Erstmals bespielte das Donaufestival also das Festspielhaus, wo auch Gilberto Gil mit seinem Mix aus Ethno, Soul, Reggae und Rock die Besucher aus der Reserve lockte. Weshalb zum ersten Mal in seiner Geschichte das neue Veranstaltungsgebäude brodelte.

Viele unterschiedliche Projekte der heutigen Musikentwicklung standen auf dem Programm. Neben der Automatenmusik von Jürgen Hocker »Piano Players – zwei selbstspielende Klaviere« verdiente ein Projekt besondere Beachtung: Wolfgang Gönnenwein dirigierte den Süddeutschen Madrigalchor, begleitet vom österreichischen Klavierduo Klara Torbova und Rico Gulda. Im September spielten sie das gleiche Konzert in Baden-Württemberg. Und ein absoluter Höhepunkt: der Cellist Wolfram Huschke mit seinem Schubertprojekt im Foyer des Festspielhauses.

»Zu den Quellen« war einer der Höhepunkte meiner Intendantenschaft. Wir verzeichneten eine Auslastung von 91 Prozent in Krems und immerhin stolzen 83 Prozent in St. Pölten. In diesem Jahr zählten wir an die 20. 000 Menschen, die das Donaufestival besuchten, die Einnahmen verdoppelten sich gegenüber dem Vorjahr. Mehr als die Hälfte der Produktionen waren ausverkauft, wobei Überbuchungen von über 150 Prozent keine Seltenheit waren.

Improvisationen von Otto Lechner zum »Kalten Herz« von Wilhelm Hauff, interpretiert von Miguel Herz-Kestranek.

Laura am Weg zur Illusion.

Zu den Quellen

Philippe Genty	Voyageur immobile	**13. 06.**
Theater Titanick	Titanic	**13. 06.**
Sigrid Perthen/Ulrike Weiss	MaterialBewegung – Holz + Papier im Raum	**13. 06.**
Evasion	Lieder, Chansons, Songs, Canzoni ...	**13. 06.**
Alfred Pohl	Zu den Quellen	**13. 06.**
Dieter Graf et al.	Kultur am Holzweg	**14. 06.**
	Original Donaufloßfahrt	**14. 06.**
Michael Heltau	Kalif Storch	**15. 06.**
Andreas Vitasek	Kurzzugende	**15. 06.**
Bohemian Dixielandlers	Jazzbrunch auf dem Schiff MS-Austria	**15. 06.**
Roland Düringer	Benzinbrüder	**16. 06.**
Victoria Chaplin & J. B. Thierrée	Le Cercle Invisible	**17. 06.**
Joesi Prokopetz	Entschuldigen Sie bitte die Verspätung	**17. 06.**
Staatsschauspiel Stuttgart	Blunt oder der Gast	**18. 06.**
Nessi Tausendschön	Ach, wie gut, dass niemand weiß ...	**18. 06.**
U-Bahn Kontrollöre	In tiefgefrorenen Frauenkleidern	**19. 06.**
Committed Artists	Maria – Maria and the music of hope	**20. 06.**
Jürgen Hocker	Piano Players – Zwei selbstspielende Klaviere	**20. 06.**
La Compañía Andaluza de Danza	Flamenco-Gala	**20. 06.**
Sonja Sutter	Die Seele fliegt, soweit der Himmel reicht	**21. 06.**

1997
Programm

Von Flussfahrten Dichtern + Enthusiasten

Ludwigsburger Schlossfestspiele	Brahms Liebeslieder-Walzer	21. 06.
Ricky May	Ein Solo für zwei Leben	21. 06.
Zu den Quellen der Donau	Ausstellung	21. 06.
Martin Schwab	Singen will ich leichten Gesang ...	22. 06.
Marcus Jeroch	Wortttheater – Literarieté	22. 06.
Black Blanc Beur	Rapetipas	22. 06.
Die kleine Tierschau	Die große Die Kleine Tierschau Show	24. 06.
Sigi Zimmerschied	Danemlem	24. 06.
Freie Theatergruppe No Name	Wilhelm Buschs weiter Himmel	25. 06.
6-Zylinder	A-cappella-Konzert '97	26. 06.
Hamburg Ballett	Dornröschen	26. 06.
Theater Movimento	Taugenichz & Tunichtgut	26. 06.
New Stage Company Gablitz	Nonnsense	27. 06.
Marianne Mendt	Jazz-Evergreens auf wienerisch	28. 06.
Gilberto Gil	Musik aus Brasilien	28. 06.
Miguel Herz-Kestranek	Das kalte Herz	29. 06.
Stimmhorn – Stiller Has	Zwei ungewöhnliche Duos aus der Schweiz	29. 06.
Dulamans Vröudenton	Kinderlieder aus einem halben Jahrhundert	29. 06.
Wolfram Huschke	Mister Cello meets Schubert	05. 07.
Franz Schubert/Wolfram Wagner	Projekt Unvollendete ...	05. 07.

Im Fluss
Illusi

1998

der

onen

Die Künstler schaffen ihre eigene Wirklichkeit.
Die großen Illusionswelten einer Laterna Magika
stehen den Traumbildern des Zirkustanztheaters
von Josef Nadj gegenüber.
Am Hohen Markt erstmals Oper:
»Il Trovatore«.

[Schoeller & Bacher]

1998

Im Fluss der Illusionen

»Zum Handeln gehört das Umschleiertsein von Illusion«, schrieb Friedrich Nietzsche. Seine Philosophie als Erklärung, wie Kunst entsteht, bringt etwas zur Sprache, was wir allzu oft vergessen: Der Mensch braucht Visionen und Fantasie, um aktiv zu werden. Deshalb steht am Beginn eines jeden Kunstwerks die Illusion. Jede Epoche, jedes Jahrhundert hatte eine eigene Vorstellung von diesem Begriff und seiner perfekt in Szene gesetzten Täuschungen wie zum Beispiel die Entwicklung der perspektivischen Gestaltung in der Renaissance oder die Kulissenmalerei des Barock. Im postindustriellen Zeitalter ist diese Freude und Lust an der Illusion ungebrochen. Das Spiel mit verschiedenen (Schein-)Welten hat eine neue technologische Dimension erhalten, gerade auch in der Kunst.

Xarxa »Veles e Vents« – Open-Air-Installation: Feuertheater aus Katalanien. Uraufführung vor dem Festspielhaus St. Pölten.

Was aber vermögen Illusionen im Szenario eines medialen Overkills der tagtäglichen Eindrucksströme, mit denen eine bildersüchtige Kommunikationsgesellschaft sich selbst produziert und darstellt? Die Realitätsinstanzen überlagern sich, die Wahrnehmung gerät unter Druck. Die feinen Grenzen zwischen virtuell, real, simuliert oder künstlich erscheinen als ständig neue Herausforderung an das Unterscheidungsvermögen, an die Bildentschlüsselungsqualitäten. Die Schnittstellen zwischen den künstlichen und den wirklichen Welten werden zunehmend subtiler. Unsere Gegenwartskultur lässt uns daher in mehrfacher Hinsicht »Im Fluss der Illusionen« treiben. Deshalb ging das Donaufestival 1998 dieser anderen Wirklichkeit nach, die der Künstler schafft und in die er uns entführt. Es widmete sich dem visionären Bereich. Ich betrachte immer die Fantasie als Antriebskraft menschlichen Handelns und bleibe jener Enthusiast, der für imaginäre Vorstellungen, Wünsche und Visionen kämpft. Denn »es ist eine Illusion zu glauben, keine Illusionen zu haben« (Emil Coué).

Das Donaufestival baute sich von Anfang an seine eigene Wirklichkeit auf und ging seinen eigenen Gesetzmäßigkeiten nach. Den wichtigsten Grundstein für die Illusionswelt fanden wir nämlich vor Ort: Den geheimnisumwitterten Fluss Donau, an dessen Ufer wir symbolisch und tatsächlich die Zelte des Festivals aufschlugen. Erst wenn ein Festival von den künstlerischen Scheinwelten leben kann, läuft es richtig. Wenn es nicht so recht anlaufen will, weil irgendetwas nicht passt – das Wetter, die Jahreszeit, das Programm –, dann wird einem Intendanten das Ankurbeln der Werbetrommeln zur Qual. Erfahrungen zu sammeln und viel Zeit für das Ausloten der Untiefen zu investieren war daher auch ein wichtiger Teil meiner Arbeit. Begonnen hatte ich mit dem Schreiben von Kabarettsongs für das Landesstudio Niederösterreich und der Organisation von Kinderfesten auf der Schallaburg. Da lernte ich die Mentalität, die Sitten und Wünsche eines Landes kennen.

25 Millionen Jahre hat die Donau gebraucht, bis sie zu ihrer heutigen Form fand. Das Donaufestival hingegen schaffte das in zehn Jahren. Ein Jubiläum – und man durfte sich feiern. Danielle Proskar schuf dazu den Film »Herrn Sommers Reise gegen den Strom« mit André Pohl und Mercedes Echerer als Hauptdarsteller. Die imaginäre Reise eines hoffnungsfrohen Vissionärs endete in den Bildern aus zehn Jahren Festivalsprogramm. Um diese jedoch zu genießen, musste man ein Baumhaus besteigen: das Illusionstheater 7. Ich ging also in Serpentinen hinauf zum Baumhaus, um den eigenen Film zu sehen. Der Streifen passte zum Thema, denn er tauchte den Zuseher von einer Illusion in die andere. Mir kam es plötzlich so vor, als wäre das ganze Festival eine einzige Illusion.

Viele tausend Künstler zogen im Lauf dieser zehn Jahre an uns vorbei. Wie kann man die vergessen? Sie trugen Schiffe durch die Altstadt von Krems, fuhren durch den Nebel auf der Donau als Flusspiraten, sie legten in Bratislava an und spielten Theater am Ufer. Man wurde willkommen geheißen und stapfte durch die Marchauen, sah die zerbrochene, efeubewachsene alte Brücke zur Slowakei. Wir feierten unsere zehn Jahre mehrmals intern und natürlich öffentlich. Das große offizielle Fest fand in einem Autosalon in St. Pölten statt. Wir hatten die hohe Landespolitik

zu Gast: Landeshauptmann Pröll sagte, dass – gemessen an seinen künstlerischen Erfolgen, an seiner Bedeutung in der österreichischen und internationalen Kulturlandschaft und seinem Publikumszuspruch – das Festival eigentlich schon im Buch der Rekorde hätte stehen müssen. Das schmeichelte. Und seine Stellvertreterin Liese Prokop lobte die fantasievolle Umsetzung unserer Festivalsmotti, die, wie sie meinte, »zumeist doppelsinnig immer einen weiten kulturphilosophischen Bogen über das Gesamtkunstwerk namens Donaufestival« spannten. Unter vielen anderen sang zum Jubiläumsfest auch Sandra Pires, und es spielte Axel Zwingenberger. Alfons Haider moderierte die Gala, ich selbst sang ein paar Lieder dazu und Arthur, der Schabernack aus der Bandzeit, spielte auf dem Schifferklavier.

Mit dem Programm des Jahres 1998 verbanden sich klassische mit heutigen Kunstformen wie ethnischem Zirkus, Tanztheater und aktionistischem Feuertheater. Im Fluss der Illusionen zu treiben ist die älteste und erregendste Sehnsucht theatermagischer Kunst. In den Theatermasken ging die Reise von Leonardos Flugmaschinen über großes Barocktheater in die große Illusionswelt Kino. Riesenbilder des Illu-

sionsmalers Franz Politzer und Werke von jungen Malern wie Claus Prokop oder Christoph Rodler, der auch das Plakatmotiv schuf, ergänzten das Spiel mit der Gedankenwelt. Der Kinderprinz Hamlet kam aus Litauen, die Flugmaschinen waren im Kopf, das große Barocktheater schickte verspätet »Il Trovatore« und das ganze Festival war ein einziger Film.

Das Jahr war für mich wie das Gastspiel der »Laterna Magika« – jenes Illusionstheaters, auf dessen Bühne drei Projektionsflächen für ein Panoramakino installiert sind: Schauspieler, Tänzer, Artisten und Clowns treten aus dem Filmgeschehen plötzlich auf die Bühne, agieren und verschwinden wieder in der großen »Kulisse« Kino. Die Geburtstagsproduktion für das Donaufestival entführte die Besucher aus der Realität. Es begann wie ein Mythos von der Entstehung der Menschen und entwickelte sich zum Spiel mit Sein und Schein: Zwei Eier werden vom Meer angeschwemmt. Heraus schlüpfen zwei Clowns. Bevor sie sich genauer umsehen können, stolpern sie schon in die Fallen der Welt. Frau Venus, als Bild für das Geheimnis der Schönheit (und der Sehnsucht danach), lockt die Clowns auf eine Reise, die eine solche durch Märchen und Leben zugleich ist. Ein zauberhafter

Thalia Theater Hamburg –

»Das Haus Nr. 13«

von Anton Tschechov,

Regie: Stefan Moskov.

Zirkus – ich habe ihn aus Prag geholt und präsentierte ihn stolz in St. Pölten im Festspielhaus. Ich hatte die Laterna Magika schon in Texas gesehen, vor vielen Jahren, als ich als Jungkoch auf einer Art Expo angeheuert hatte und eine Billeteurin mich allabendlich unentgeltlich in die Show der Laterna einschleuste: Da raste einer auf Rollschuhen – im Film – das enge Gässlein vom Hradschin herunter und fuhr dann weiter ins Publikum – einfach sensationell sogar für Amerika.

Das Kremser Spiegelzelt wurde für mich zum lebendigen Wachsfigurenkabinett der Kleinkunst und des Tingeltangels. Da drehten sich »Die Fabulösen Thekenschlampen«, dass man nicht wusste: Nachtclub oder einfach Club? So sollte es sein im Fluss der Illusionen. Ludwig Hirsch sang Lieder und Geschichten und legte wieder einmal ein Schäuferl schwarzen Humor nach. Fantastisch die neuen A-cappella-Gruppen: die »U-Bahn Kontrollöre in tiefgefrorenen Frauenkleidern« und »Montezumas Revenge« aus Holland. Das war etwas Neues, da kam Stimmung auf. Und ich blieb im Salon Helga, bis Grissemann und Stermann nicht mehr konnten. Wie jedes Jahr kamen auch 1998 neue junge Kabarettgestalten – diesmal Alf Poier (»Der Mann mit dem sympathischen Vornamen«) und

Ein Theater der kleinen Gesten, der kuriosen Körperverrenkungen – atemberaubende, akrobatische Meisterstücke.

Compagnie Cirque Anomalie: »Le Cri du Caméléon« – Choreografie und Inszenierung: Josef Nadj.

1998

Schoeller. Und Bacher. Und Schoellerbacher. Nein, Bacherschoeller. Eine weitere Illusion. Das Spiegelzelt hatte für mich noch immer die gleiche Faszination: Kultur als Jahrmarkt. Animierend.

Die Stadt pulsierte – egal wo man hinging. Diesmal gab es große Oper: Verdis »Il Trovatore« mit der Staatsoper Rousse am Hohen Markt. Vor der Kulisse des mittelalterlichen Palastes des Stadtrichters Gozzo lief Verdis Meisterwerk. Die mittelmäßigen Kritiken waren weniger erfreulich – aber das lag auch daran, dass das Publikum eine halbe Stunde warten musste, weil vier Musiker im Hotel verschlafen hatten.

Im Theaterhaus in Krems wurde in einem Raum Tschechovs »Das Haus Nr. 13« vom Thalia Theater Hamburg gegeben, im anderen inszenierte der litauische Regiestar Eimuntas Nekrosius »Hamlet« in polarer Finsternis, erhellt nur durch einige Kerzen, Fackeln und eine stählerne Sonnenscheibe. Der litauische Hamlet war ein zerquälter Kinderprinz – ein dichtes, beeindruckendes Stück Welttheater.

Einige der Gipfelpunkte des niederösterreichischen Theatergeschehens wurden 1998 erstmals unter dem Motto »Best of Niederösterreich« zu einer Rundwanderung durch die freie Theaterszene ver-

knüpft. Sechs freie Theater stellten sieben Produktionen im »Theaterhaus« in der alten Kremser Sporthalle zur Diskussion. Die Auswahl erhob weder Anspruch auf Vollständigkeit, noch sollte das Ergebnis eine Reihung der Produktionen sein. Dazu waren sie zu verschieden. Der Theaterreigen wurde durch eine Bühne eröffnet, die seit Jahren beweist, dass hochqualitatives, anspruchsvolles Theater sogar im tiefsten Waldviertel ein Publikum aus nah und fern findet: das »Wald4tler Hoftheater« aus Pürbach. Mit »Frank & Stein« von Ken Campbell in der Regie des Schweizers Hanspeter Horner landeten die Darsteller Herbert Steinböck und Gerold Rudle (bekannt als Kabarett-Duo »Steinböck & Rudle») einen Slapstick-Volltreffer.

Wandelbar ist auch das »Theater Westliches Weinviertel« aus Guntersdorf. Neben seiner Spezialität, der »Commedia dell'arte«, hat es Kindertheater und kritisches zeitgenössisches Theater im Repertoire. Das Guntersdorfer Ensemble brachte 1998 Turrinis »Der tollste Tag« auf die Bühne. Vom Theater für Erwachsene bis zum Kindertheater reicht die Bandbreite der Gruppe »Trittbrettl«: Heini Brossmann und seine Gefährten haben sich auf Puppentheater spezialisiert. Seit 1982 ist das fahrende Theater unterwegs

»The Wall« – Ballettcompany des Theaters Altenburg-Gera. Mario Schröder kreierte zu den eindringlichen Songs von Roger Waters ein Bewegungstheater voll irritierender Intensität.

1 9 9 8

»Another Brick in the Wall. –
We don't need no education.«

und hat sich bis nach China vorgespielt. Beim Donaufestival war das »Trittbrettl« mit zwei Produktionen vertreten. »Florians wundersame Reise über die Tapete« von Franz Karl Ginzkey für Menschen ab vier Jahre.

Figurentheater stand auch auf dem Programm, als Christian Suchy »IdioTisch« zeigte. Er ließ die ganze Welt auf einem Küchentisch entstehen. Unterhaltsam, mitreißend und fast ein Krimi war es, als eine außerirdische Orange auftrat, von einem Messer ermordet wurde, was die verliebte Wärmeflasche zu Tränen rührte. Weitere Stars der Aufführung waren Luftballons, Weitlinge, Pingpongbälle und Gipszwerge.

Das Ensemble »Accus» schließlich zeigte noch nie da gewesenes Crossover-Theater: das musikalisch-literarische Schachspiel »Schwarz/Weiß», inszeniert von Herbert Gantschacher, musikalisch geleitet von Erke Duit. Gemeinsam mit »musik aktuell«, spezialisiert auf Neue Musik in Niederösterreich, wurde der Raster für einen täglich neuen Theaterabend geschaffen. Der Ausgangspunkt war ein Schachspiel, bei dem sich Michaela Scheday und Dietmar Jäger maßen. Für jedes Feld wurde von Herbert Lauermann, Werner Raditschnig, Heinrich Unterhofer und Werner Schulze je eine musikalische Miniatur für Klarinette und Schlagwerk

Kunst in der Tiefe –

Claus Prokop stellte mit

einer Künstlergruppe in

der Dominikanerkirche aus.

komponiert. Jeder der 32 Figuren wurde ein Gedicht zugeordnet – zu den 32 Autoren zählten bekannte Namen wie H. C. Artmann, Ingeborg Bachmann, Ernst Jandl, Friederike Mayröcker, Peter Turrini und Elfriede Jelinek. Jeder Zug der Schachpartie wurde von Texten und Musik begleitet, die Aufführung änderte sich von Spiel zu Spiel.

Auf Musik ganz anderer Art hat sich die »New Stage Company« aus Gablitz spezialisiert, die das »82er Haus« zu einer Off-Musicalbühne als Alternative zum Wiener High-Tech-Musiktheater gemacht hatte. Viel Begeisterung und tolle Stimmen zählten zum Erfolgsrezept der beiden Theaterleiter Bernhard Jonas und Markus Richter. Die sprühende Gablitzer Version des Nonnen-Musicals »Nonnsens« war lange vor der Inszenierung des Wiener »Metropol« ein Renner und beim Donaufestival bereits zu bewundern.

Und rundherum tafelten und tranken die Gäste gemeinsam mit den Artisten in den Beisln und Kaschemmen, die die Stadt jährlich zum Fest im Park errichtete. So mancher blieb bis in der Früh im Bett der Natur – auf einer Bank –, schön wie Diogenes, arm wie ein Sandler. Wo man hintrat, eine neue Illusion: Da der Magier Magic Christian, der dem Publikum das Geld

aus der Tasche zog oder die Sitznachbarin verschwinden ließ, dort wieder die Stars Ursus und Nadeschkin mit ihrem Varieté »grenzenlos«. Ja, gibt's denn so etwas: Da sang der Burgschauspieler Karl-Heinz Hackl mit rauchiger Stimme Chansons – in einem Käfig voller Narren. Gleich daneben blickte die Zigeunerin Mercedes Echerer in ihre Kristallkugel. Am nächsten Tag waren sie und ihr Zelt verschwunden – am Weg nach Brüssel. Sie wurde damals Politikerin. Da landeten plötzlich die Flusspiraten. Sie waren wieder mit dem Floß die Donau heruntergekommen. Und sie haben reiche Beute mitgebracht: Zeit, Luft, Wasser

»Hamlet« aus Litauen im Theaterhaus in der Inszenierung von Eimuntas Nekrosius.

[links: Claus Prokop]

1 9 9 8

und einen großen Rausch – nach mehr. Das Donaufloß wurde regelrecht zum Volkssport: Allein das Zuschauen beim Ablassen war für alle spannend. Und das Mitfahren natürlich erst recht.

Prinzipiell ist es recht einfach mit der Bühnenkunst: Imagination und Illusion sind der Stoff und der ist in uns verwurzelt seit der Altsteinzeit in allen Kulturkreisen weltweit – als Ritual, als Farbe im oft kalten und trostlosen Alltag. Illusion ist der Stoff, der in unseren Genen eingespeichert ist. Kunst im ursprünglichen Sinn ist immer magisch, fantastisch, bereichernd, festlich. Sie stellt die Verbindung zwischen Traumwelt und Ratio her. Berauschend, bereichernd, aber nie langweilig soll sie sein.

Für mich war gerade 1998 kein einfaches Jahr. Wir veranstalteten vier Pressekonferenzen, und ich hielt 17 Reden. Verstärkt fuhr ich durchs Land: in Stifte, zu Bürgermeistern, in die Wirtshäuser. Machte Stimmung fürs Festival und kündigte die Jahrtausendwende und den großen Umbruch an. Ich mag an sich keine Endzeitstimmung, bin kein Apokalyptiker und wollte meinem verehrten Lehrer in der Geologie Alexander Tollmann die Zwangsvorstellung eines unabdingbaren Weltuntergangs nehmen – was misslang. Tollmann baute seinen Bunker, den er vermutlich nie brauchen wird, in Schloss Albrechtsberg.

Was mich zu amüsieren begann: Seit zehn Jahren wurden wir zu keiner wichtigen TV-Diskussion und Kultursendung im großen ORF eingeladen. Wir bekamen eben die Medienpolitik voll zu spüren. Unglaublich gut hingegen die Zusammenarbeit mit dem Landesstudio Niederösterreich.

Wir forcierten die Arbeit an unserer Kulturdemokratie. Beate Scholz und Anita Prammer engagierten sich besonders für das »Donaumagazin« – unsere Illusionsdroge. Hier schrieben wir unsere eigene Geschichte. Die wurde dann Wirklichkeit. Die Zeitung erschien sieben Jahre lang – mit Liebe zum Inhalt, zum Detail, zur Kulturphilosophie, zu den Künstlern, den Reisen, zur Donau, zum Cosmopol, zur Eigenliebe, zu wertvollen und gestaltenden Menschen, zur Durchdringung von Zeiten und Räumen. Dadurch entstand die wichtigste politische Zeitung des Landes – nur: sie gehörte keiner politischen Partei. Oder doch? Sie gehörte den Donaufestivalianern.

Zurück zu den Illusionisten des Donaufestivals 1998: Die jungen Artisten des »Cirque Anomalie«, die in einer Choreografie des Josef Nadj auftraten, hasardierten mit der Schwerkraft: Mit ihrem Programm »Le Cri du Caméléon« funktionierten sie kippende Fußböden zu Schleuderbretter um, zeigten Artisten, die zu Tänzern wurden und die Kraft von Vollathleten hatten. Das skurrile Universum des Choreografen war

Er mag die Stadt – gestern war er mit Lilli wieder bis sechs Uhr
Früh tanzen in jenem Tanzlokal aus den Fifties am Fluss,
wo die 98-Jährigen noch swingen, aber auch die 17-Jährigen lernen.
Er und Lilli lassen zwischen den Ausfahrten gerne
so manchen Abend in den Hafenbeisln der Stadt einfach dahingehen;
da trifft er sie alle bis auf den Geist,
der ist auf einmal scheu, weil er Legationsrat werden will.
Highlife, aber sehr kultiviert.
Oft wird es früher Morgen und der Tag geht doch weiter.

komisch und beunruhigend, humorvoll und düster. Dem Zuschauer blieb die Entscheidung überlassen, ob er lachen oder weinen oder einfach nur staunen soll. Eine reizvolle Facette des »Nouveau Cirque«.

Ein weiterer Zirkus blieb allen in Erinnerung: Der Circus Ethiopia spielte sein Programm »Together« in der Atmosphäre eines äthiopischen Marktplatzes. Da jonglierten Fünfjährige zur funkigen Ethnomusik ihrer 60-jährigen Opas. Die hätten tagelang durchspielen können – das ist Leben, und Leben ist Zirkus. So hat er sich entwickelt. In Afrika.

Kleinkunst, Wortwitz und A-cappella-Gesang vom Feinsten, Kindertheater und Kinderland sowie Zeltstadt, Beisldorf und die Floßfahrt auf der Donau rundeten die Reise »Im Fluss der Illusionen« des »Wachauer Theaterfestivals« in Krems ab.

In diesem Jahr trat ich zur Eröffnung als »Zweiter Vizepräsident der Ersten Österreichischen

Anti-Illusionistenbewegung« auf. Ich betrat im Trachtenanzug die Bühne und holte aus einer alten Lederaktentasche ein dickes Manuskript hervor. Ich begrüßte, hakte Tagesordnungspunkte ab. Inzwischen traten Artisten hinter mir auf: Zauberer zündelten, eine Tänzerin robbte über die Bühne, Franziska spielte Akkordeon und der Vizepräsident befreite die Welt von allen Illusionen. Das Publikum wusste nicht genau, ob das schon zur Aufführung des Staatsopernballetts gehörte, während der nächste Redner, der Staatssekretär, immer nervöser wurde. Weil der Zweite Vizepräsident sein Doppelgänger hätte sein können und ihm die Worte von der Zunge stahl, denn die Illusion ist eine leichtfertige Halbschwester der Hoffnung, ein Seufzer der Fantasie.

Die Fahrt durch die Scheinwelten ging weiter: Nach der Eröffnung tanzte das Staatsopernballett – und war nicht wieder zu erkennen. Renato Zanella ließ zur Musik eines Kammerquintetts Musikstücke des Malers und Aktionisten Hermann Nitsch vertanzen und faszinierte mit seiner Choreografie von Igor Strawinskis »Sacre du Printemps«. Es ist einfach schön, wenn ein ernst zu nehmender Aktionist auf einen der bedeutendsten Choreografen trifft. Toll ist

dieses Festspielhaus, wenn man die richtigen Stücke spielt. Hat eine gute Bühnentechnik. Wenn es nicht so viel Kälte verströmte und die Leute nicht so weit von der Bühne sitzen müssten. Und wenn es endlich die Kultur zwischen den Alpen und Prag und München und Budapest spielte. Da ist noch einiges drin. Anschließend gab es das pyrotechnische Spektakel »Veles e Vents« der spanischen Gruppe Xarxa (auf Deutsch »Fischernetz«): In der spektakulären Aufführung ging es um die Freiheit und die Liebe zum Meer. Ein Lebensraum, der nur den Göttern der Windrichtungen gehorcht. Greifen riesige Zylinder in stinken-

Laterna Magika –

zauberhafter Zirkus.

Franz Politzer:

»Subjektive Landschaften« –

arrangierte Zeichen

von Natur und

Traumfragmenten

im fantastischen Versatz.

den Dieselmotoren ein, ist der sinnliche Rhythmus gestört. Eine Rauminszenierung, die einen Vorgeschmack auf die Vielfalt des Festivalprogramms gab.

Gemeinsam mit dem Festspielhaus setzte das Donaufestival wieder auf den Schwerpunkt »Juni-Tanz« und Musik: Wir zeigten die künstlerische Auseinandersetzung des Choreografen Mario Schröder und der Ballettcompany des Theaters Altenburg-Gera mit »The Wall«. Roger Waters hat mit diesem bedeutendsten Konzeptalbum der Rockgeschichte ein Abbild einer Jugendbewegung geschaffen, die Sturm gegen jene Mauern lief, die täglich neu in den Köpfen der Gesellschaft wuchsen. Der junge Solotänzer und Choreograf Mario Schröder kreierte zu den eindringlichen Songs ein Bewegungstheater voll irritierender Intensität und äußerst dichter Aussagekraft.

Dann gab es Musik aus dem Wien des vorigen Jahrhunderts, des gebürtigen Ungarn Karl Goldmark, des meist gespielten Bühnen-Hitschreibers seiner Zeit. Ungarisches Feuer prägte die Interpretation des Nationalballetts der Staatsoper Budapest von »Der Widerspenstigen Zähmung«. László Seregi, einer der bekanntesten Choreografen Ungarns, hatte nach Kompositionen Goldmarks eine farbenprächtige und fulminante Fassung des bekannten Shakespeare-Stoffes geschaffen. Die Inszenierung zeichnete sich durch kunstvoll arrangierte Massenszenen aus, durch Sinn für die südländisch-lebhafte Gebärdensprache, Akrobatik, Pantomime, kurz: durch die glänzende Leistung des Ensembles, das auch schwierige Hebefiguren souverän und leicht meisterte.

Les Tambours de Brazza versetzten das Festspielhaus mit afrikanischen Rhythmen in Schwingung: 15 Buschtrommeln ließen die Bühne vibrieren. Dazu Belafon, Glocken und eine Vielzahl von Schlaginstrumenten – eine Reise ins Herz von Afrika, in den Kongo – eine musikalische Geschichte. Geboten wurde von Emile Biayenda und seiner siebzehnköpfigen Band, bestehend aus Trommlern, Sängern, einem Tänzer und einer Tänzerin, Archaisch-Traditionelles, aber auch pulsierender Rap.

La Cuadra de Sevilla wiederum erzählte die Geschichte von »Carmen« mit andalusischem Temperament. Ein Pferd reiste durch halb Europa nach St. Pölten, um auf der Bühne des Festspielhauses zu reüssieren. Der artistische Direktor Salvador Távora ließ die authentische Carmen wiederauferstehen. Melancholische Volkslieder, traditionelle Melodien aus Andalusien verschmolzen mit wildem Flamenco zur Musik einer 30-köpfigen Flamencokapelle. Seine Carmen ist eine tragische Heldin des 19. Jahrhunderts, die es wagt, als Frau frei sein zu wollen – und dazu arm, Zigeunerin, Proletarierin ist.

Die gefühlvollen Interpretationen des weltberühmten österreichischen Klaviervirtuosen Rudolf Buchbinder waren ein sicherer Tipp. Nach dem Studium begann Buchbinder – erst als Kammermusiker, dann zunehmend als Solist – eine umfangreiche Konzerttätigkeit. Auftritte in den Zentren Europas, in Nord- und Südamerika, Australien und Japan folgten. Er musizierte mit allen bedeutenden Spitzenorchestern und Dirigenten. Ein Schwerpunkt seines breiten Repertoires liegt auf der klassisch-romantischen Literatur. Seit Jahren gilt Buchbinder als »der« Beethoven-Interpret und Mozart-Kenner. Auf dem Programm im Festspielhaus St. Pölten stand deshalb Musik von Wolfgang Amadeus Mozart, Alban Berg, Ludwig van Beethoven und Frédéric Chopin.

Das Donaufestival 1998 präsentierte erstmals sechs junge österreichische Komponisten mit drei Uraufführungen und drei musikalischen Raritäten im Rahmen des Projektes »Tag der Uraufführungen« im Stadtsaal von Krems mit Werken von Bruno Hartl, Wolfgang Liebhart, Ludwig Nussbichler, Gerhard Schedl, Wolfram Wagner und Werner Steinmetz. Die Stücke wurden in Hinblick auf das Thema »Illusion« komponiert. Gerhard Schedls Komposition ist zudem eine Literaturvertonung – sie entstand in Zusammenarbeit mit Franzobel, dem gegenwärtig bekanntesten Avantgarde-Schriftsteller: Der österreichische Bachmann-Preis-Träger von 1995 hatte eigens hierfür ein Dramolett geschrieben: »Der Ficus spricht«. Zusätzlich fanden Lesungen mit zwei weiteren jungen Autoren – Petra Ganglbauer und Oliva Kegleviz – statt.

Es war ein angenehmes Festival 1998 – von Anfang an. Alles stimmte, alles war richtig. Das Festival-Schiff steuerte auf Erfolgskurs und fast alle liebten es: das Publikum, die Künstler und letztendlich sogar auch die Medien. Das Land war stolz auf »sein Donaufestival«. Wenn einem solchen Angebot an unterschiedlichsten Veranstaltungen eine gewisse Magie innewohnt, zieht es unweigerlich Gäste an, und das gibt der Sache den richtigen Impuls – auch in wirtschaftlicher Hinsicht. Sogar die komplizierten Gedankengänge, die zur Programmentwicklung führen, werden langsam für alle verständlich.

An insgesamt 23 Festivalstagen präsentierte das NÖ Donaufestival 1998 mit 62 Veranstaltungen Künstler aus Bulgarien, Spanien, Litauen, Deutschland, Schweiz, Niederlande, Kongo, Äthiopien, Frankreich, Ungarn, Tschechien und natürlich Österreich.

Das Programm war sanft, schön, rund. Gegenüber dem Vorjahr konnten wir trotz Schlechtwetter und Fußball-WM mit einer Auslastung von 89 Prozent und einer Besucherzahl von etwas mehr als 20.000 einen leichten Zuwachs verzeichnen.

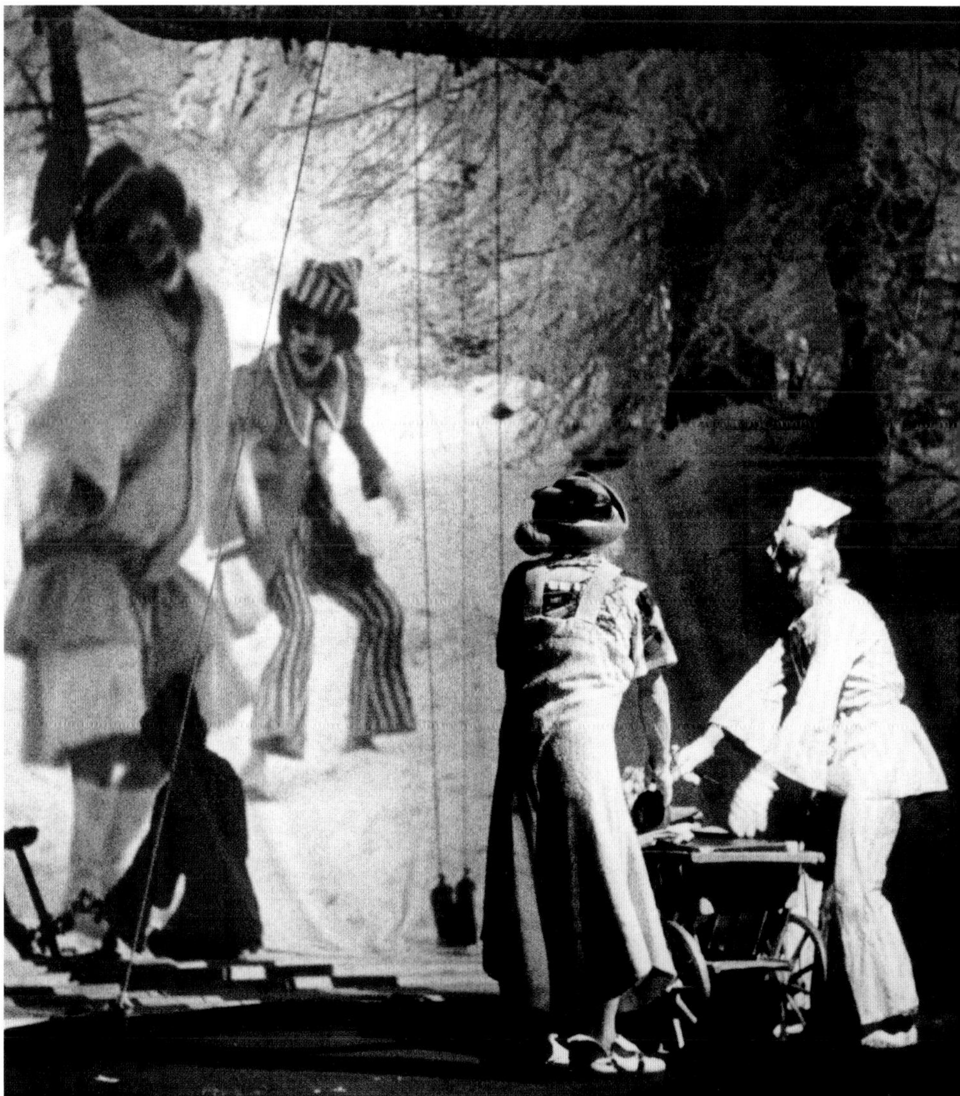

1 9 9 8

Zur Donaufestival-Eröffnung 1998 tanzte das Wiener Staatsopernballett »Sacre du Printemps«, Choreografie: Renato Zanella.

Im Fluss der

Illusi

Alf Poier, Schoeller & Bacher	Kabarett	**11. 06.**
Wiener Staatsopernballett	Sacre du Printemps	**12. 06.**
Robert Lehrbaumer	Fließende Klänge	**12. 06.**
Xarxa Teatre	Veles e Vents	**12. 06.**
Die fabulösen Thekenschlampen	Greatest Tits	**12. 06.**
Staatsoper Rousse	Il Trovatore	**13. 06.**
Compagnie Cirque Anomalie	Le Cri du Caméléon	**13. 06.**
Gerhard Schedl, et al.	Tag der Uraufführungen	**13. 06.**
Danielle Proskar	Herrn Sommers Reise gegen den Strom	**13. 06.**
Brandner Schiffahrt	Original Donaufloßfahrt	**13. 06.**
Montezumas Revenge	Best of Five	**14. 06.**
Wolfgang Friedrich & Band	Jazzbrunch auf der MS Austria	**14. 06.**
Thalia Theater Hamburg	Das Haus Nr. 13	**15. 06.**
Circus Ethiopia	Together	**16. 06.**
Ludwig Hirsch	Lieder und Geschichten	**16. 06.**
Mario Schröder	The Wall	**17. 06.**
Michael von der Heide	Chansons	**17. 06.**
U-Bahn Kontrollöre	Simsalabimbambasaladusaladim	**18. 06.**
Eimuntas Nekrosius	Hamlet	**19. 06.**
Magic Christian	Die Stunde der Täuschung	**19. 06.**

onen

1 9 9 8
Programm

Staatsoper Budapest	Der Widerspenstigen Zähmung	**20. 06.**
Karlheinz Hackl	Na sowas	**20. 06.**
Main Street	Wödhiz – ohne Kapön	**20. 06.**
Theater YBY	Die Reise nach Venedig	**20. 06.**
Ursus & Nadeschkin	Variété Grenzenlos	**21. 06.**
Grissemann & Stermann	Salon Helga	**21. 06.**
Bohemian Dixielandlers	Jazzbrunch auf der MS Austria	**21. 06.**
Steinböck & Rudle	Frank & Stein	**22. 06.**
Theater Westliches Weinviertel	Der tollste Tag	**23. 06.**
Laterna Magika	Zauberhafter Zirkus	**24. 06.**
Theater Trittbrettl	Florians wundersame Reise über die Tapete	**24. 06.**
Heini Brossmann	Adam	**24. 06.**
Accus	Schwarz/Weiß	**25. 06.**
Christian Suchy	IdioTisch	**26. 06.**
New Stage Company Gablitz	Sag mir, wo die Blumen sind ...	**27. 06.**
Rudolf Buchbinder	Klassikmatinee	**28. 06.**
Jura Soyfer	Vineta	**28. 06.**
Les Tambours de Brazza	Rituale & Rhythmen	**01. 07.**
La Cuadra de Sevilla	Carmen	**03. 07.**

Die großen

Prophez

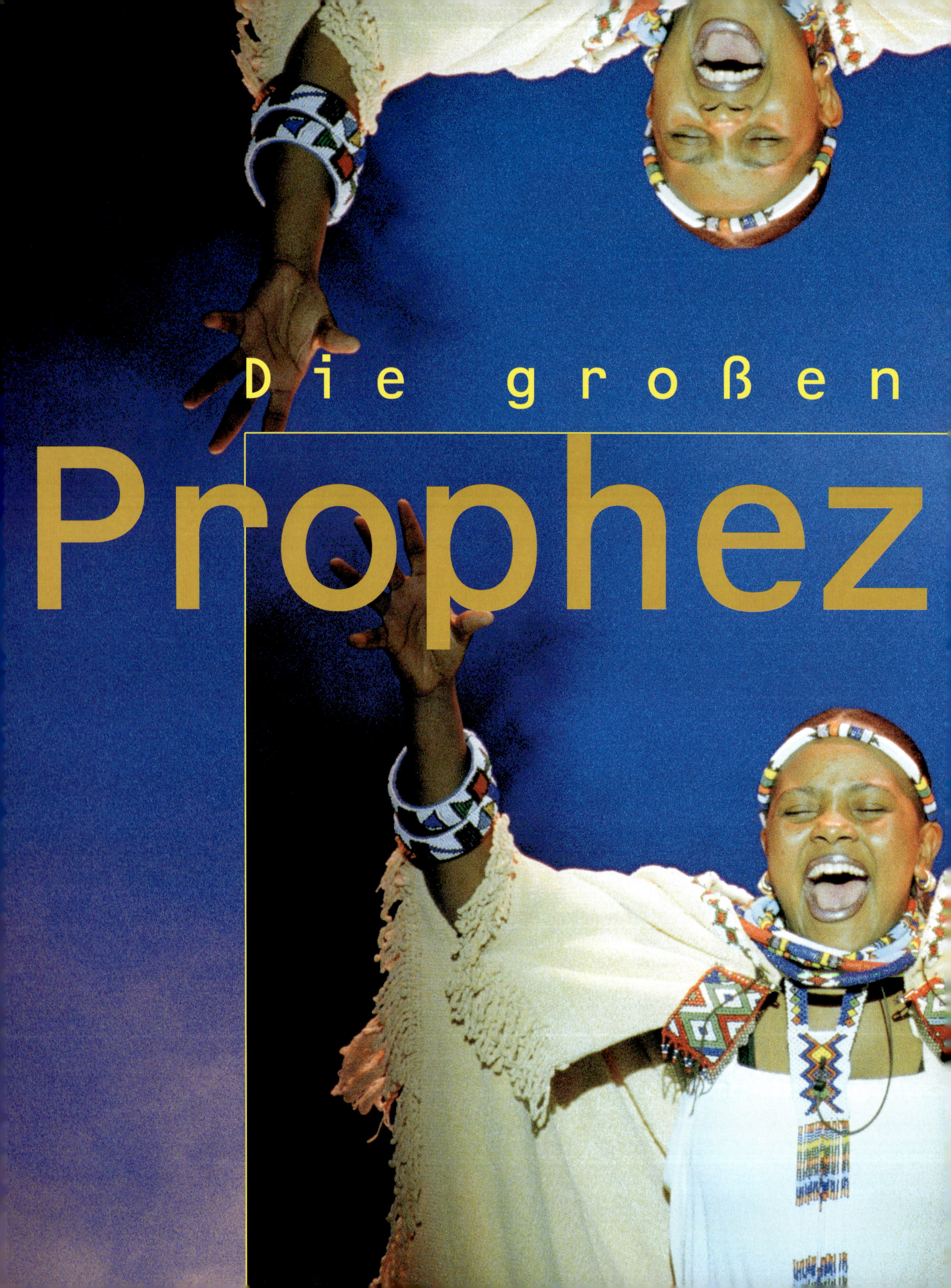

1999
eiungen
Ein metaphysisches Unterfangen im Grenzbereich
zieht sich über mehr als 13 Monate hin.
Großausstellungen, Uraufführungen,
Kultkonzerte, Eigenproduktionen,
Symposien, Vorträge und
zahlreiche Veranstaltungen vor dem Hauptfestival
in Stiften, im Waldviertel (»Native Festival«) und
in Wien.
Das eigenwilligste und grenzüberscheitendste
Donaufestival.
[3 Voices]

1999

Die großen Prophezeiungen

»Möchten Sie Ihre Gene ins Weltall schicken? Zusammen mit einer kleinen Grußbotschaft, Foto und persönlichen Daten? Diese Möglichkeit bietet Ihnen Encounter 2001, welche die Botschaften mit einer Rakete in die Weiten des Alls schießen wollen. Weitere Informationen unter http://www.encounter2001.com.«

Nicht lachen, das ist ein ernsthafter Aufruf der A.A.S. – der Forschungsgesellschaft für Archäologie, Astronautik und SETI, einer parawissenschaftlichen Vereinigung, die sich auf Grund der Erkenntnisse von UFO-Forschungen vor etwa 20 Jahren weltweit konstituierte. Wobei der Glaube, dass die Humanität imstande sei, sich mit »Gottheiten« (im modernen Jargon: Außerirdischen) zu vermählen, so alt zu sein scheint wie die Menschheit selbst. Und die Hinwendung zu Parawissenschaften wie Alternativdisziplinen erfuhr gerade am Ende eines Jahrtausends Hochkonjunktur. Wie es weitergehen soll, ob die neue Ära die viel beschworene Apokalypse oder den Neubeginn bringen würde – Antworten auf diese Fragen fand man nicht nur bei zahlreichen Propheten. Die Faszination der magischen Zahl 1999 hatte schließlich auch Medien, Hollywood-Filme und Bestsellerlisten erfasst. Hinzu kamen Prognosen von Wissenschaftlern, Trend- und Zukunftsforschern, deren Bandbreite vom ökologischen Supergau bis zur Vision einer besseren Welt reichte. Wie man auch zu Prophezeiungen stehen mag – der Boom des Themas Zukunft schien vor allem eines zu signalisieren: den Beginn einer gesellschaftlichen Neuorientierung und den Trend zu einer anderen Spiritualität an der Schwelle zum dritten Jahrtausend.

Das Multimedia-Ensemble dumb type aus Kyoto zeigt mit »Or« ein Gesamtkunstwerk aus Licht, Klang und bewegten Körpern: Ein Zeugnis des elektronischen Zeitalters, ein Stück japanischer Kunst.

Wir luden zu unserem Festival im Vorfeld bereits Wissenschaftler und Forscher in Grenzbereichen zu Symposien und Vorträgen ein. Und wir baten Vertreter der großen Weltreligionen zu ihrer Meinung über den Stellenwert von Prophezeiungen. Das Festival befasste sich mit den teilweise seherischen und teilweise radikalen Betrachtungen von bildenden Künstlern, Musikern, Schauspielern, Tänzern und Literaten aus verschiedenen Epochen zu diesem Thema. Der große Seher Alfred Kubin, der kritische Maler Gottfried Helnwein – sie haben die Apokalypse im Blut, sie sind auf das Außersinnliche in der menschlichen Vorstellungskraft in ihrer Kunst geradezu spezialisiert. Und der von mir so verehrte Professor Alexander Tollmann, der große Forscher, stellte uns noch einmal anhand seiner Sintflut-Hypothese die Wahrscheinlichkeit von Impakteinschlägen auf der Erde und ihre verheerenden Folgen dar. Als Beweis legte er die Prophezeiungen alter Seher vor. Er baute an seinem Bunker in Schloss Albrechtsberg, für den man ihn anschließend verlachte, weil der Komet nicht gekommen ist. Aber vorher musste er für schön gruselige Storys in Illustrierten und peinliche Auftritte in Talk-Shows herhalten. Er ist einer jener Forscher, die sich mit geophysikalischen Prophezeiungen befassen und in seinem Buch »Das Weltenjahr geht zur Neige« werden die Ergebnisse seiner Recherchen dem Leser detailreich verdeutlicht. Sein Interesse für Visionen bezieht der in der Anti-Zwentendorf-Kampagne bekannt gewordene Geologe aus einem Dutzend »sogleich überprüfbarer Schauungen« in seiner Familie. Seine Sicherheit über die Richtigkeit der ausgewerteten Visionen geht in erster Linie vom Ablauf von Naturkatastrophen, dem Klimasturz, Polverschiebungen und vielem mehr aus.

Alle diese Aspekte, die am Ende eines Jahrtausends die Menschheit beschäftigten, wollten wir Kulturvermittler nicht auslassen. Wir beschäftigten uns deshalb auch im »Donaumagazin« besonders ausführlich mit dem Thema Prophetie. Wir bekannten uns zum Wissen, zur Bildung. Wir gingen unseren eigenen Festivalsweg. Uns interessierte das Ganzheitswissen, der Kunstsinn. Und freilich auch gute Werbung. Wir hielten das Publikum für intelligent genug, diesen Weg mitzugehen. Deshalb begannen wir bereits im Herbst 1998 mit einem zweitägigen vorbereitenden Symposion im Naturhistorischen Museum in Wien, das den gesamten Fragenkomplex der Prophezeiungen aufwarf. Hausherr Direktor Bernd Lötsch fand die Veranstaltung genauso interessant wie die zahlreich erschienenen Teilnehmer und Vortragenden. Barbara

Rett moderierte. Die Diskussionen und Vorträge verteilten sich auf mehrere Säle, und Gerda Rogers – umgeben von Saurierknochen – wagte den Blick in die Zukunft. »Presse«-Chefredakteur Unterberger, der die Vortragsreihe als unser Medienpartner freilich besonders interessiert verfolgte, meinte: »Ich kenne kein derartig hochkarätiges Symposion in Österreich, das Zeitthemen aufgreift und das Beste vom Besten holt. Problem Nr. 1 in Österreich derzeit: Die großen Geister haben keine Lobby.«

Der erste Symposionstag stand unter dem Motto: »Himmelssturm und Erdenrausch – von Zukunftsmachern und anderen Phänomenen«. Felix R. Paturi versuchte mit seinem Referat »Außersinnliche Wahrnehmungen im Lichte der modernen Naturwissenschaften« über die Methode der Naturwissenschaft das Unerklärliche zu erklären. Der bekannte Physiker Anton Zeilinger klärte zum Thema »Beamen und Quanten-Teleportation – Traum und Wirklichkeit« über das Transportmittel der Zukunft auf. Bazon Brock referierte über die Versuche, zum Ende zu kommen, mit seinem Referat »Ich such' mein Heil in der Utopie und ein bisschen Trost in der Apokalypse«. Über »Einsteins Erben« kam Herbert W. Franke zum Thema

Alfred-Kubin-Ausstellung »Über die andere Seite« in der Dominikanerkirche in Krems: Heidnisches Opfer, um 1900.

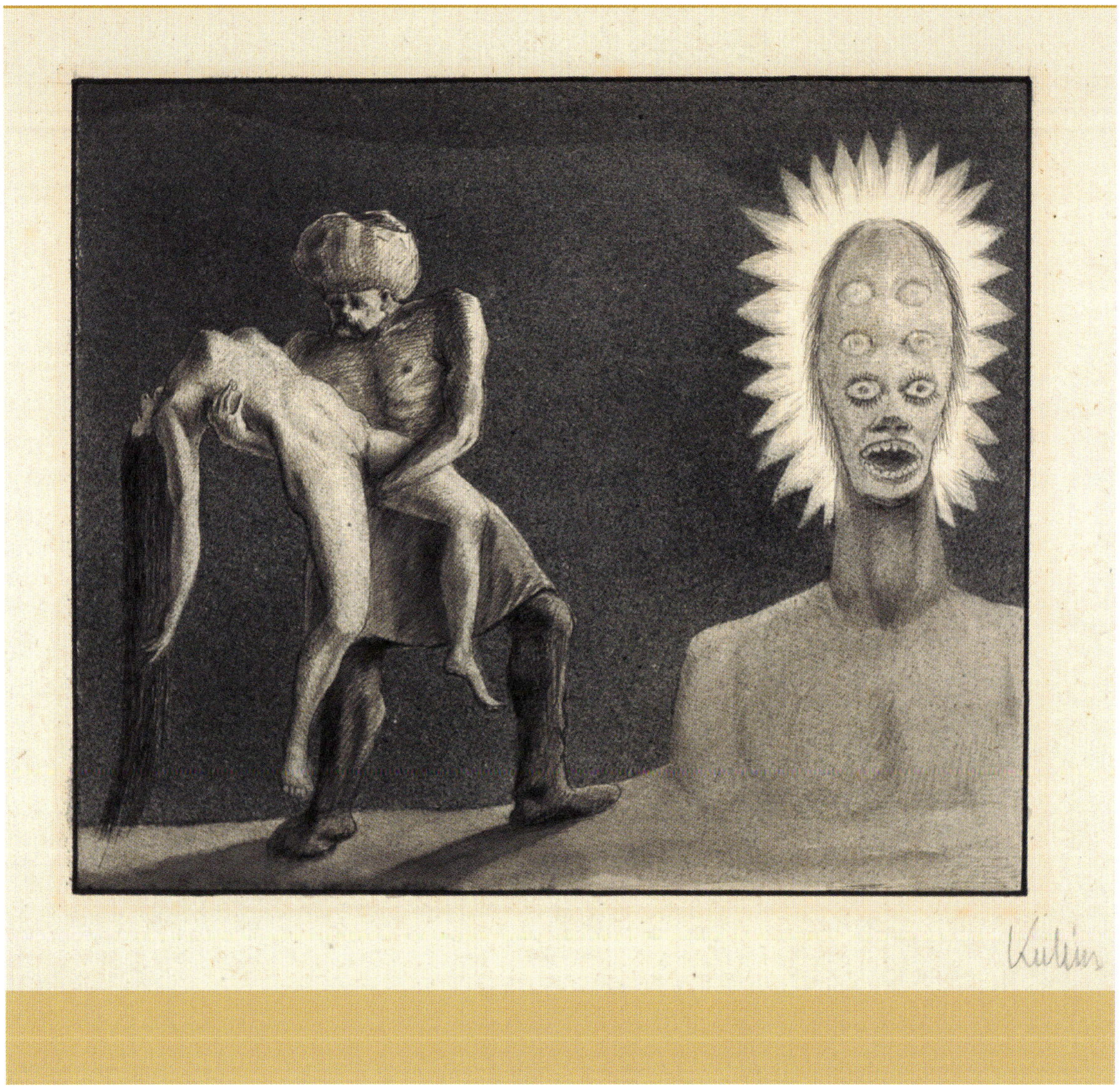

Waldviertler Schlagfertigkeit:

Josef Hader.

Science-Fiction als Brücke von der Fantasie zur Wissenschaft. Alexander Tollmann aber ließ nicht locker: »Und es gab sie doch, die Sintflut.« Er ist der Meinung, dass die Apokalypse durch einen großen Meteoriteneinschlag ausgelöst wird.

Am darauf folgenden Tag beschäftigten wir uns im Stift Geras mit dem Thema: »Vom Klon zur Psyche«. Diesmal waren die »NÖN« unser Medienpartner und Thomas Jorda Diskussionsleiter. Abt Joachim Angerer bewirtete uns persönlich nach dem Symposion mit einem klösterlichen Abendessen. Auch im Waldviertel blieben die Vorträge hochkarätig, waren doch die eingeladenen Referenten durchwegs international tätige Forscher: Einen Einblick in die Zukunft von Gesellschaft, Wirtschaft, Politik und in diesbezügliche Entwicklungspotenziale in Österreich bis ins Jahr 2029 versuchte Christian W. Haerpfer zu geben. Über das jeweils Neueste und den so genannten Fortschritt der Technik sprach das Original Hugo Kirnbauer, der jahrzehntelang die »Technische Rundschau« im Österreichischen Rundfunk präsentiert hatte. Mit Pro und Contra Gentechnologie befasste sich Karl Illmensee; Friedrich Doepner sprach über »Seherschauung zur Zukunft Europas«, Peter Krassa versuchte dem Phäno-

men des Grafen von Saint Germain nachzugehen, Johannes von Buttlar erläuterte Wissenswertes über Zeitreisen und schließlich hörten wir einen Vortrag über extraterrestrische Kulturen von Zecharia Sitchin.

Es war wie ein In-Trance-Fallen. Und ein Langedarinbleiben. Der Aufbruch zu den großen Geheimnissen und Fragen der Kunst, der Grenzwissenschaften und uns selbst. Ausgelöst durch die Angst verschiedener Kulturkreise vor einer Apokalypse (»Kommt eh der Komet!«). Die Zeit zwischen Heritage und Future gewann immer mehr Bedeutung. Die Sehnsucht nach Elementarem und Utopie in der Kunst und im Alltags-

»Warten auf Godot« – der Klassiker, inszeniert von Michael Sturminger.

»Der Büchsenöffner« mit Andreas Vitasek und Camillo Schmidt – ein Stück von Viktor Lanoux.

Alf Poier, der Kabarettist mit dem sympathischen Vornamen.

[Auf den nächsten Seiten: Otto Lechner/João de Bruço. Szenenausschnitt: »Warten auf Godot«.]

Design war greifbar. Zu diesem Themenkomplex tauchten viele Fragen auf: Darf ein Festival prophetisch sein und sich mit Grenzbereichen der Kunst einlassen? Wo hören allgemein anerkannte Kulturaufgaben auf? Wie reagieren die Glaubensgemeinschaften, die kirchlichen Würdenträger, das Land Niederösterreich, Äbte? Recht gut, wie sich zeigen sollte.

Ich freute mich über die Bereitschaft der Mönche von Stift Melk zu einer Veranstaltung, die bereits Ende Februar stattfand. Ein Gesprächsnachmittag im großen Kolomanisaal zum Thema »Gott im Bann der Zeitenwende? – Prophezeiungen in den Weltreligionen« mit folgenden Referenten: Ursula Baatz, Oberrabbiner Paul Chaim Eisenberg, Peter Pawlowsky, Anas Schakfeh, Generalvikar Helmut Schüller, Roberto Talotta und Alfred Worm; Gastgeber der Veranstaltung war Pater Martin Rotheneder.

In meinem Einführungsreferat konnte ich die Vertreter von drei Weltreligionen begrüßen und bat um Aufklärung über das Wesen der Prophezeiungen aus religiöser Sicht. Man hat sich dieser Frage analytisch und außersinnlich-parapsychologisch genähert. Selbst wenn man die Jahrtausendwende als Zahlenspielerei abtat, wies sie die Charakteristika einer Zeitenwende auf. Genauer: Der Wandel machte auch nicht vor den Weltreligionen Halt. Wir stellten die Fragen vorsichtig provokant: Wie sehen Sie Ihre eigene Entwicklung? Ist das die übliche Hysterie vor der Jahrtausendwende? Wie ernst soll/kann man Prophezeiungen nehmen? Können wir in unser Schicksal eingreifen? Bestimmung? Kismet? Sind wir Empfänger von Höherem (von Gott, von kosmischer Energie, von Außerirdischen, wie manche glauben)?

Oder kommen aus uns selbst Bilder an die Oberfläche, aus kollektivem Wissen, aus unseren Genen? Gibt es, wie es die Inder glauben, in einer anderen Dimension ein großes Speicherfeld um die Erde, an das sich Berufene andocken können und so in Vergangenheit und Zukunft sehen können? Wie blickt also der Prophet? In sich, durch sich? Ist für den freien Willen Platz im kosmischen Geschehen? Warum gibt es überwiegend negative Prophezeiungen? Sucht der Mensch das Unglück?

Der Übergang vom kriegerischen Zeitalter der Fische in das friedlichere des Wassermanns stand unmittelbar bevor. »Wie ist der Weg der Religionen selbst? Wie reagieren sie auf eine neue Spiritualität? Ist auch in den großen Religionen ein metaphysischer Wendepunkt gegeben?

Ich sprach auch über das Geschäft, das man mit Prophezeiungen macht, ein Blick auf Belletristik und Hollywoodfilme lohnte sich diesbezüglich. Es wurden auch immer wieder alte Kulturen bemüht, da hier der Mystik scheinbar mehr Platz eingeräumt wird. Prophezeiungen also zwischen Pyramidenspielchen und Kultbüchern, Angst und Hysterie.

Neben großem Publikumszuspruch erregte die hochkarätig besetzte Teilnehmerrunde außerordentliches Medieninteresse. Christentum, Islam und Judentum tauschten ihre Meinungen über die den Religionen gemeinsamen Propheten aus. Die Vertreter der Weltreligionen hielten sich allerdings zum Thema Nutzanwendungsmöglichkeiten der Prophezeiungen bedeckt. Das Treffen war zugleich auch die Abschiedsveranstaltung für Helmut Schüller, der sich in seine Seelsorge nach Groß-Enzersdorf zurückzog. Er bekam minutenlangen Applaus. Zum Ausklang der Gesprächsrunde musizierte die Klezmerband »10 saiten 1 bogen« gemeinsam mit Paul Chaim Eisenberg.

Ein Festival ist dann jung und sinnvoll, wenn es sich noch Fragen stellt. Unabhängig vom Umfeld. Das hatten auch unsere Förderer begriffen. Selbstkontrolle war angesagt, und unsere Finanzchefs mussten sich eher um den »Treibstoff« kümmern und auch darum, dass das Kassabuch stimmte. Unser »Schatzmeister« sollte doch immer zahlen können.

Doch die Zeit brachte immer mehr Verunsicherung – nicht nur finanzielle –, und wir hatten damit zu leben. Erstmals sprengte ein Thema das Festival. Es betraf elementare Lebensfragen und Fragen der Kultur. Kunst, Wissenschaft und metaphysische Fragen vermengten sich zu den großen Rätseln und den

Happy Bir

angepeilten Lösungsversuchen. Wobei sich die künstlerische Äußerung seit jeher mit der Frage auseinander gesetzt hatte: Woher kommen wir, aber vor allem: Wohin gehen wir? Denn die großen Rätsel dieser Welt werden umso größer, je umfassender das Wissen wird. Wenn ich an die großen Menhire und Kultanlagen in Großbritannien, in Westeuropa, in Nordafrika, in Südamerika denke, weiß ich, dass das frühe Wissen der Steinzeitmenschen die absurdesten Spekulationen um extraterrestrische Besuche geradezu impliziert. Aber auch ernst zu nehmende Forscher wie Zecharia Sitchin glauben an die Existenz moderner Technologie und Raumfahrt in vorgeschichtlicher Zeit. Denn wie sonst hätten die Altvorderen diese großen Materiallasten bewegen, Pyramiden bauen können? Unweigerlich kommt man immer wieder auch zur Frage: Konnte die Menschheit jemals vorausblicken? Was sind Prophezeiungen? Wer will wem was mitteilen? Wie notwendig sind Visionen – auch von Künstlern? Nur Trugbilder?

Die Donaufestivalianer begannen zunächst die Frage nach der Heritage im Lande Niederösterreich zu klären: Unsere Spurensuche begann ausgehend vom Venus-von-Willendorf-Mythos und der Überlegung,

dass Niederösterreich eine Wiege der abendländischen Kultur darstellen könnte und für die Bewohner Mitteleuropas schon früh Kulturschauplatz war.

Im Mai startete die Entdeckungsreise zu den Wurzeln und Ritualen eigener wie fremder Kulturen: beim »Native Festival« im nordwestlichen Waldviertel. Zwischen Pürbach und Kautzen, zwischen Gmünd, Schrems und Waidhofen an der Thaya, auch rund um das geheimnisvolle Heidenreichstein wuchs der Mythos. Wir sind bis heute nicht am Ziel, denn immer noch geben sich dort Mythen, Anderswelt und der Diskurs einer jungen Sommerakademie die Klinke in die Hand. Und viele Gedanken dieses Themenkomplexes werden in Kulturäußerungen der Menschheit von jeher wieder gefunden. So sind Künstler bis zu einem bestimmten Grad Visionäre, Sehende. Woher sie ihre Intuitionen, ihr Wissen bekommen, wurde zum Thema der »Großen Prophezeiungen«.

Heidenreichstein in aller Munde: Das Städtchen zwischen Renaissanceburg und Internetcafé wurde zur Andockstelle für das Festival im nördlichen Waldviertel. Eine Stadt, die für Neues viel übrig hat und selbst bald ihre Erlebniswelt eröffnen sollte. Um mein »Haus vom Freundlichen Sessel« in Motten nahe der

schönen Stadt und Burg von Heidenreichstein wuchs das Festival aus der Landschaft der Steine, aus Burgen, unterirdischen Gewölben, Moorlandschaften, Teichen und Steinbrüchen. Die Städte und Dörfer rundum schlossen sich zum »Native Festival« zusammen. Gerda Kohlmeyer trommelte mit den Donaufestivalianern die frohe Botschaft durchs Land.

»Native Culture« im Sinn des Donaufestivals war eine Zusammenschau von Lebensspuren und Lebenszeichen sowohl prophetischer als auch kultureller und wissenschaftlicher Natur. Vier Tage lang bewegte sich das Festival zwischen Natur pur, Literatur, Volxmusik, Traditional, Didgeridoo-Klängen und dem Aufeinandertreffen verschiedener Stile und Musikwelten. Broadlahn (»Musik des Weltempfängers, akustisch-vokal«) in Schrems, Monika Stadler und Peter Ratzenbeck in Kautzen mit »Konzert der Saiten«, Volkskunstorchester im Wald4tler Hoftheater Pürbach, »Dr. Didgeridoo's digitale Traumzeit« im Musikpub in Waidhofen. Rudolf Klaffenböck hatte sein »Grenzgehen« entlang der tschechisch-österreichischen Grenze literarisch-visuell zum Thema. Peter Handl und Guido Koch führten durch die Welt neu entdeckter Steine und Kultanlagen und begegneten im Wald

schamanischen Tänzern. Ein Indianer vom Stamm der Cheyenne führte im Burgstüberl von Heidenreichstein in die Rituale seines Stammes ein. Alvaro Solar spielte die Eroberung Südamerikas aus der Sicht Dario Fos und des Triestiners Johan Padan in der Renaissanceküche von Schloss Heidenreichstein. Roland Kernstock erzählte im Keller des Gasthofes über das Fantastische der Region und ihre okkulten Phänomene. Spirituelles und Musik gab es schließlich im von Makis Warlamis gestalteten Steinbruch Bromsbühl. Das Beste aber war: Bei der Wanderung zum Matriarchatsstein wurde ein Beamter der niederösterreichischen Sektenbeobachtungsstelle gesichtet: Er wäre rein privat da.

Ich hörte zu rauchen auf und verzichtete eine Zeit lang auf Alkohol und Fleisch. Ich bildete mir ein, mich besser konzentrieren zu können. Manche schüttelten den Kopf: War's das schon? Sicher, einiges hatte sich verändert in all den Jahren, auch ein Generationswechsel im Team hatte stattgefunden. Aber ich spürte wieder neue Energie und Freude am großen Thema dieses Festivals.

Meine vorbereitenden Reisen führten in die Bretagne zu den Menhiren, den Steinalleen, den Gräbern. Ich beschäftigte mich mit Ley Lines in Wessex, in Stonehenge, Glastonbury und Avebury. Mit viel Literatur im Gepäck begann ich, mich für das »Woher-kommen-wir« zu interessieren, der Frage nachzugehen, wie sich der Homo sapiens sapiens allmählich zum künstlerischen und höhlenmalenden Wesen entwickelte. Und warum Künstler bis zu einem bestimmten Grad Visionäre sein müssen. Mir wurde klar, wie stark in unserem heutigen Gefühl noch die Verhaltensweisen und Rituale jener Zeit vorhanden sind, als die Cro Magnons und die Neandertaler aufeinander stießen. Fraglich auch, wie die Venus von Willendorf in der Hand eines Steinzeitkünstlers entstand, wie plötzlich die großen alten Kulturen in Mesopotamien entstanden und auf anderen Kontinenten parallel dazu ähnliche Entwicklungen stattfanden; und weshalb ausgerechnet in Frankreich die alten Kulturen besonders viele Artefakte hinterlassen hatten. Doch bei all den Betrachtungen anthropologischer Natur musste ich mich daranmachen, für 1999 ein Programm zusammenzustellen, das sich den großen Prophezeiungen widmete. Schließlich war ich nicht zum Staunen und Nachdenken nach Frankreich gefahren. Im Café neben dem Théâtre de la Ville in Paris traf ich die Musiker von Art Zoyd – sie sagten ihr Kommen nach Krems zu. In La Villette stand das Zirkuszelt von »Filao«. Ich schaute mir die Produktion an und sie passte genau ins Konzept für 1999. Das japanische Tanzprojekt »Or« sah ich in einem Theater in Lissabon.

»3 Voices«: Marie Boine, Angélique Kidjo und Sandra Pires bei ihrem gemeinsamen Projekt im Festspielhaus – ein fulminanter Abend der Weltmusik.

1 9 9 9

Von den Freunden in Avignon fühlte ich mich bestärkt, den Weg der Kunst nicht zu verlassen. L'art pour l'art. In Dublin besuchte ich noch einmal meinen Freund Gottfried Helnwein. Er lebt in Irland und zeitweise in Los Angeles. Er hat für mich viele Plakate mit seiner speziellen Luftpinseltechnik der fantastischen Illusion gemalt. Und er fertigte eine spezielle Bilderserie in Riesenformaten für die Ausstellung zum Festival in der Dominikanerkirche an. Er brach bald auf, um in Österreich auf Motivsuche zu gehen. Anschließend fuhr ich mit Assistentin Regina ins Oberösterreichische Landesmuseum. Wir wählten bedeutende Zeichnungen und Illustrationen des großen Alfred Kubin für eine Ausstellung in der Dominikanerkirche aus.

Und dann war auch schon das große Festival da: Jeder Künstler, jedes Programm, jeder Vortrag, jede Produktion, jede Publikation und Rede, jedes Interview hatte mit dem großen Thema zu tun: Zeitreise von der Prophetie zur Vision, um an der Schwelle zur Jahrtausendwende mit den Augen Kulturschaffender einen Blick in die Zukunft zu werfen. Der Lichtdom im Stadtpark nach einem Konzept von Peter Weber brachte die richtige Stimmung, Prophetin Lotte Ingrisch verkündete vor dem Steiner Tor ihre Visionen.

Kunst setzt sich von jeher mit der Frage auseinander: »Woher kommen wir?«, aber vor allem: »Wohin gehen wir?«

Brennpunkt Dominikanerkirche Krems: Gottfried Helnwein stellt aus.

1 9 9 9

1999

Prominenter Reisebegleiter vor Ort war der große Astrologe und Prophet Nostradamus. Wir luden ihn ein, weil für die Endzeitjünger der letzten 500 Jahre der fahrende Medicus Michel de Nôtredame, genannt »Nostradamus«, zum Leitbild wurde. Mitte des 16. Jahrhunderts beschrieb er in 4772 Versen den Weltenlauf bis in die Mitte des vierten Jahrtausends. In seinen Visionen, die als Ergebnis seiner damals sehr bedrängten Existenz zu verstehen sind – halb Europa war von Pestepidemien bedroht –, beschrieb der Prophet die katastrophalen Zeitenläufe. Seither tauchen immer wieder Seher und Visionäre auf, die die Menschheit vor

Heraklit, Epikur, Paracelsus & Co. geben Trost und Einblicke in weitere Welten. Und man verliert sich fast in der Mystik des Mittelalters. Nostradamus setzt Maßstäbe für den Umgang mit Prophezeiungen: Er weist auf große Gefahren hin. Nur keine Panik! Der Captain und Schweenebauch beschließen, den Zeitgeist aufs Korn zu nehmen und werden im Garten der Spekulationen mit einigen Protagonisten ihres Faches Gespräche führen.

Krieg und Vernichtung warnen und sich auf ihn beziehen. Und selbstverständlich markierte der Beginn des dritten Jahrtausends nach der – übrigens ziemlich ungenauen – christlichen Zeitrechnung eine magische Wende. Kein Geringerer als dieser mystifizierte Prophet mischte sich am »Tag der Propheten« in Krems unters Volk, um gemeinsam mit den Festival-Gästen zu philosophieren und zu visionieren. Zusammen mit seinem Famulus Didi Jäger hielt sich der Prophet eine Woche lang in der Stadt auf und empfing zur Audienz im Baumhaus, um »Wichtiges zu erschauen«. Auch am Sozius eines Motorrades sah man ihn sitzen und in den Schulen tauchte er ebenso auf wie beim Friseur und im Rathaus der Stadt.

Im Spiegelzelt wurde ein Gastmahl für den großen Nostradamus gegeben, der zu einem Menü der Haubenköchin Lisl Wagner-Bacher nach Krems gekommen war. Er sollte der Stadt Ausblick und Prophezeiungen schenken. Beim festlichen Mahl konnten wir Bürgermeister Franz Hölzl, Stadträtin Evelyn Kitzwögerer und so manchen Stadtrat begrüßen. Der falsche Nostradamus machte so lang seine Prophezeiungen, bis ihn die Erscheinung des richtigen entlarvte und er mit Arschprügel verjagt wurde. Waren sie dennoch visionär, die Prophezeiungen des Falschen? Das Dreistundenprogramm in vier Gängen brachte allerlei erbauliche Kunstdarbietungen, Magiertricks, eine Performance der Modeschule Krems. Regie führte Renate Kastelik. Der Intendant mimte einen Troubadour und sang das Tafellied vom »Plutonium«.

Eröffnet wurde 1999 im St. Pöltner Festspielhaus mit »Dangerous Visions«, einem Projekt zwischen sinfonischer Musik, Elektronik und Visual-Arts. Ein Eröffnungstag mit einem bunt schillernden Programm: Zukunftsweisende Werke von Solisten, Trios, kleinem und großem Orchester; und innerhalb von sieben Stunden zehn Uraufführungen. Das Publikum erlebte das kompromisslose Unterordnen der schaffenden Künstlerseele, des Genies und seiner Auffassung. Die Uraufführungen sollten für Diskussion sorgen. Dazu gehörte auch das Saalverlassen. Ich trat bei meiner Eröffnungsperformance mit Gasmaske und ABC-Schutzanzug auf. Die Geschichte begann im Dunkeln mit apokalyptischen Geräuschen – quasi im geistigen und tatsächlichen Bunker. Auch Österreich und seine Mentalität kam vor. Nach den musikalischen Uraufführungen im St. Pöltner Festspielhaus mit den Wiener Kammersymphonikern unter Peter Keuschnig, Wolfram Huschke, dem Trio Koncz sowie dem Niederösterreichischen Tonkünstlerorchesterund Art Zoyd fand eine Fete für die neue Intendantin des ORF-Landesstudios NÖ, Monika Lindner, in einem Zelt statt.

In Krems gab es am Tag nach der Eröffnung eine kulinarische Einarbeitung ins leicht apokalyptische Geschehen. Tausende waren an diesem Samstag nach Krems gekommen. Während die Gäste von den Ausstellungen Alfred Kubins und Gottfried Helnweins, vorbei am Prophetencorner, in das Beisldorf in den Stadtpark zogen, begann die Vorstellung von »Warten auf Godot«. Michael Sturminger, Regisseur und Choreograf, gehört zu jenen Senkrechtstartern, die sowohl im Sprech- wie im Musiktheater zu Hause sind. Er brachte eine sehr junge Interpretation des Beckett-Stoffes aus den Schulbüchern in das apokalyptische Bühnenbild des Kremser Stadtsaals, wo tonnenweise Sand aufgeschüttet wurde und vier großartige Schauspieler Becketts Drama in einer äußerst spannenden, konzentrierten Form zweieinhalb Stunden durchspielten. Er stellte sich mit dieser Arbeit in die Reihe jener junger Regisseure wie Stephan Bruckmeier, Zeno Stanek und Anna-Maria Krassnig (1995 »Das Große Heft«), die vom Donaufestival gefördert wurden.

Weitere musikalische Höhepunkte waren die Events »Klassik im Zelt«, mit richtungsweisenden Werken der musikalischen Moderne, und »Transformationen – Musik zur Zeitenwende«, ein vierstündiges Megaevent, ein Crossover mit Erwin Kiennast, mit der spanischen Stimmakrobatin Fatima Miranda und der finnischen Elektro-Cellisten-Gruppe Apocalyptica. Weiters zeigten wir den Stummfilm »Häxan« mit Live-Musik der französischen Avantgarde-Vorreiter Art Zoyd. Der musikalische Bogen reichte von der Klassik über A-cappella-Konzerte bis hin zu den afrikanischen Rhythmen eines Manu Dibango. Ein Programm für Augen und Ohren. Wobei hier noch erwähnt werden muss, dass die Tonfirma BMS mit Fritz Staudinger einen wirklichen Könner seiner Materie einbrachte.

In St. Pölten sorgte die »Trilogie vom Weltenbrand« mit »Odysseus 7«, »Schlachtplatte« und »Apocalypse Live« des Bayerischen Staatsschauspiel Marstall-Theaters – der Versuch eines Brückenschlags von der Vergangenheit in die Zukunft – für einen mythisch-mythologischen Diskurs: Nibelungen-Apokalypse live, von der Bibeloffenbarung des Johannes zur elektronischen Klangkunst – alle drei Stücke hintereinander an einem Tag, pure Avantgarde aus München. Ein Marathon. Mit ihrem Programm »3 Voices« boten drei starke Frauen einen fulminanten Abend der Weltmusik: Mari Boine aus Lappland, die folkloristisch schamanische Einflüsse mit Jazz-Rock und Latino-Elementen verbindend sang, flüsterte, schrie, Sandra Pires, die Gospel-Soul-Bluesstimme aus Österreich, und Angelique Kidjo aus Benin, die Kraftvolles aus Afrika mit Soul und Groove verband. Das Festspielhaus war randvoll. Bei den Vorträgen zweier Bestsellerautoren platzte der Stadtsaal in Krems aus allen Nähten: Erich von Däniken hielt einen fesselnden Lichtbildervortrag mit dem Titel »Auf den Spuren der ALL-Mächtigen« und versuchte auf Fragen Antworten zu finden, die da lauteten: Finden sich Spuren extraterrestrischer Besucher auf der Erde? Werden Raumfahrten von Stern zu Stern je möglich sein? Haben außerirdische Lebensformen bereits getan, wozu wir in 100 Jahren erst fähig sein werden? Däniken bot dazu am Beispiel

Der Captain ist wieder ganz in seinem surrealen Element. Im Zweifelsfall Frankreich. Und er schwelgt in Gedanken an römische Theater und Stadien in Lyon, Orange. Und an die Lebenskunst, Lebensfreude der Nachfahren der Römer, Gallier. Was war bloß mit den Kelten nördlich der Alpen los? Was schlummert noch in unseren Genen?
Severin, ach Severin, erzähl es uns – ist es doch ein begnadetes Stück Boden um Göttweig, Mautern und Krems.

alter Überlieferungen, Erklärungen an und gab Anregungen, wie diese mit modernen Augen interpretiert werden können. Humorvoll und scharfsinnig entführte er die Zuhörer an verschiedene Punkte unserer Erde, auf denen möglicherweise rätselhafte Relikte einer den Menschen unverständlichen Technologie zu bestaunen sind. Marlo Morgans Vortrag »Der Wissensschatz der australischen Aborigines« wurde von 600 Menschen gehört. Als Botschafterin der Ureinwohner Australiens glaubt Marlo Morgan, dass deren tiefgründige spirituelle Weisheiten den Menschen der westlichen, so genannten zivilisierten Welt im Prozess der Selbstfindung weiterhelfen könnten. War sie wirklich selbst bei den Aborigines? Ich habe so meine Zweifel.

Wie in allen Programmen zuvor durfte auch diesmal Zirkuskunst nicht fehlen: »Filao« – eine düstere Stimmung mit viel Heiterkeit. Frei nach Italo Calvinos Roman »Der Baron auf den Bäumen« wurde unter dem ungarischen Regisseur Lászlo Hudi Poesie unter der Zirkuskuppel geboten. Teilweise entstand die Welt der Artisten von Volière Dromesko wieder. Auch hier standen Seilakrobatik und Tanz im Vordergrund, eine Séance heutiger theatraler Zirkuskunst. Auch wenn zwei Darsteller in Krems nicht auftreten konnten, weil sie verletzt waren.

Selbstverständlich gab es auch wieder Kleinkunst: Andreas Vitasek und Camillo Schmidt spielten den »Büchsenöffner«, ein Stück von Victor Lanoux, über die Zeit im Bunker »danach«. Josef Hader und Popette Betancor hielten ein musikalisches Treffen Wien–Berlin ab und bewiesen, dass Berliner Schnauze und Waldviertler Schlagfertigkeit eine amüsante Mischung ergeben können. Gunkl, Bolzano & Maleh sowie Alf Poier gaben Spitzes aus der heimischen Kabarett-Szene zum Besten. Michael Köhlmeier las biblische Geschichten. Adi Hirschal spielte und sang die »Lasterhaften Balladen des François Villon«, übertragen ins Wienerische von H. C. Artmann, und Karl Merkatz las aus »Da Jesus und seine Hawara«.

Die immer mehr in den Vordergrund tretenden A-cappella-Chöre wie »Bauchklang« aus St. Pölten, die mit frechen Klangexperimenten aus eigener Feder sowie afrikanischen, souligen und groovigen Liedern ihr Publikum begeisterten, und »Vocaleros«, die mit

afrikanischen und lateinamerikanischen Rhythmen in jazziger Färbung für gute Stimmung sorgten, zählten ebenfalls zu Kassenschlagern. Die in Köln beheimatete Band – die wohl einzige A-cappella-Formation mit Begleitinstrumenten – bot eine besonders breit Palette außergewöhnlicher Arrangements.

Ein besonderes Gustostück war der gemeinsame Auftritt von Otto Lechner und João de Bruço mit »Der liebe Augustin – Ein Absurdical für zwei alte Affen in zwei Akten«. Die Inszenierung setzte den Außenseiter, der den Sturz in die Pestgrube überlebt hatte, in Bezug zum Zeitgeist der ausklingenden neunziger Jahre. Die wesentliche Erzählerrolle der Performance fiel aber der Musik zu: Von Geräuschen über alte und moderne Liedformen bis zur Computermusik nützten die Künstler jede Möglichkeit musikalischer Gestaltung. Augustin wurde an diesem Abend zum Revolutionär, der die gesellschaftliche Logik infrage stellte. Einem anderen Revoluzzer, nämlich Nelson Mandela, war »The Zulu«, Mbongeni Ngemas neues Musical, gewidmet. Die Committed Artists sangen, spielten und tanzten den Mythos der Freiheit Südafrikas. Unterstützt wurden sie dabei von zehn Rock-Musikern. Ein Stück von der braven Klischeeabteilung, aber verdammt blutig.

Mit »Wagners Ring« der Truppe »Tristans Kompagnons« setzten wir die Tradition des Figurentheaters fort. Ebenfalls zu Gast war das Scapino Ballet Rotterdam, das ein faszinierendes Porträt der Kultsängerin Nico zeichnete, die in New York an der Seite von Andy Warhol und Lou Reed Furore machte. Musik: John Cale, Choreografie: Ed Wubbe.

Das japanische Zukunftswerk »dumb type« zeigte mit »Or« Bewegungsperformance, wobei »Or« für Orientierung und Zeugnis unseres elektronischen Zeitalters stand. Licht, Bewegung, unerträglich anschwellende Musik. »Or« war eine der wichtigsten internationalen Produktionen des Jahres 1999.

Elisabeth Gehrer eröffnete die große Helnwein-Ausstellung »Apokalypse« in der Dominikanerkirche. 900 Gäste waren zur Vernissage gekommen. Helnwein hatte sich und dem Publikum nichts geschenkt. Apokalypse in uns, unser Umgang im 20. Jahrhundert mit dem Begriff standen im Vordergrund. Nazi- und Illuminatentypologien, -fratzen, Kriegsverstümmelte, Föten in Riesenformaten waren über die Wände der kahlen säkularisierten Kirche verteilt. Und alle waren gekommen: Die wichtigsten Kunsthallenleiter und Kunstfreunde, aber auch Weggefährten wie H. C. Artmann, den wir ein letztes Mal in Krems sahen – er war schon sehr müde. Von Helnweins Arbeiten wurden während des Anfertigens der letzten Bilder durch den Meister vor Ort zahlreiche Aufnahmen gemacht: der

Helnweins Arbeiten ermöglichen dem Betrachter eine visualisierte Wahrnehmung von Gefühlen wie Angst und Schmerz.

Katalog dazu spiegelt die Arbeit wider. Er wurde uns aus der Hand gerissen. Helnwein ist Extremkünstler und bleibt sehr provokant, entblättert Verhüllungen und stößt deshalb häufig auf Ablehnung, Hass, Neid. Seine Arbeiten haben gewaltige politische Aussagen in sich, meist auf mehreren Ebenen. Er ist konsequent und Perfektionist, er ist einer der wenigen international renommierten bildenden Künstler Österreichs. Das Donaufestival hatte ihn gebeten, zu den großen Prophezeiungen eine Ausstellung zu gestalten, wobei aus ursprünglich acht geplanten neuen Bildern 18 wurden. Ich meine: Die visionäre Kraft seiner Bilder

Die Alternative zu dunklen Prophezeiungen von Sehern aus nahezu allen Kulturkreisen ist eine Reise im Raumschiff Zukunft. Rechnen Sie damit, dass Ihnen mit Nano-Sonden die Venen gereinigt werden. Und wussten Sie, dass Stephen Hawking gerade dabei ist, die Formel fürs Universum zu finden und die Frage zu klären, wie weit im Kosmos Raum für Zufälligkeiten ist?

wird diese Installation zur Legende werden lassen – so oder so. Parallel dazu wurde im selben Areal in einem anderen Raum eine Kubin-Ausstellung eröffnet: Illustrationen und Zeichnungen des großen Visionärs, der die bedeutendsten Ereignisse des 20. Jahrhunderts voraussah und auch als Schriftsteller in »Die andere Seite« hervortrat. Robert Hauer-Riedl las aus seinem Buch. Die Reaktionen waren überwältigend.

Wir hatten ein wirklich großes Festival mit einem weiteren Besucherrekord abgeschlossen. Und auch Landeshauptmann Erwin Pröll meinte, wir hätten »ein brandaktuelles Thema aufgegriffen, das eine breite Öffentlichkeit bewegt«. Und: »Ich glaube, dass wir stolz sein können auf dieses Landesfestival, das heute eines der größten Österreichs ist.«

Nachspiel zum nicht gekommenen Kometen: Es folgte eine stimmungsvolle Sonnenfinsternis, der Weltuntergang fand nicht statt. Man war nicht einmal erleichtert. Alexander Tollmann widerrief, keiner lachte mehr über ihn. So bleibt mir abschließend nur das Plädoyer für den Irrtum als wesentliche und treibende Kraft der Evolution: Der große Fortschritt ist der Irrtum. Ist Evolution der Überlebenskampf der Elite?

1999 war die längste und wildeste Reise. Wir verzeichneten eine durchschnittliche Auslastung von über 85 Prozent und konnten erstmals 23.000 Besucher begrüßen. Doch große Veränderungen zeichneten sich auf allen Ebenen ab. Auch fürs Festival. Die größte aller Prophezeiungen sollte aber die eigene sein: die der Metamorphose, denn es zeichnete sich bereits mein künftiger Weg ab, der ein anderer sein würde. Ihn zu gehen, sollte mir nicht leicht fallen. Aber wir waren schon in den Vorbereitungen für das Jahr 2000. Der Nachschlag folgte in Stift Melk, da sah man uns gern. Abt Ellegast und Pater Martin gaben uns stets Unterstützung – räumlich und inhaltlich. Mit einem Vortrag von Klaus Emmerich »Experiment Zukunft« traten wir ins Zeitalter der Verwandlung ein, der nächste Schritt war der Schritt ins dritte Jahrtausend. Ich plante ein Festivalsthema, das die Programmstruktur der folgenden drei Jahre prägen sollte: »Metamorphosen«, beginnend mit dem Zeitalter der großen Entdeckungen.

Die Einstimmung dazu war die Ausstellung Alexander 2000 in der Dominikanerkirche. Unsere drittgrößte Ausstellung in diesem Jahr. Makis Warlamis hatte zehn Jahre lang seinen griechischen Ahn gemalt. Über tausend Bilder sind dabei entstanden. Einen Teil sah man in Krems. Vorher wurde die Ausstellung von hunderttausenden Besuchern in Athen und Kairo gesehen, der Erfolg musste überwältigend gewesen sein. Für uns war das Phänomen Alexander auch in Richtung Veränderung der damaligen Welt zu sehen, denn auch das Prophetische wurde ihm in die Wiege gelegt: Alexander war ein Visionär und leitete den Wandel ein. Die Allgemeinheit konnte sich in der Kirche ein paar Wochen lang im klassisch-griechischen Schönheitsideal sonnen, im Aristotelischen Prinzip, im Hellenismus.

Wolfgang Schüssel eröffnete die Ausstellung und wurde einige Monate später Bundeskanzler. Metamorphosen also auch in der großen Politik.

Die großen Prophez

Native Festival	Heimat, Kulte und Propheten	12. 05.
Wolfram Wagner, et al.	Tag der Uraufführungen	11. 06.
Art Zoyd & NO	Dangerous Visions	11. 06.
Fatima Miranda	Transformationen	12. 06.
Gottfried Helnwein	Apokalypse	13. 06.
Alfred Kubin	Über die andere Seite	13. 06.
Manu Dibango	Manu Dibango & Soul Makossa Gang	13. 06.
Günther Paal	Gunkl	13. 06.
Pussi's Jazz-X-tett	Jazzbrunch	13. 06.
Michael Sturminger	Warten auf Godot	16. 06.
Vitasek/Schmidt	Der Büchsenöffner	16. 06.
Anam	Irish Folkmusic	16. 06.
Committed Artists	The Zulu and the Music of Resistance	17. 06.
Michael Köhlmeier	Biblische Geschichten	17. 06.
Symphonie Györ	Klassik im Zelt	18. 06.
Adi Hirschal & Die brennenden Herzen	Hoat und Zoat	18. 06.
Bayrisches Staatsschauspiel Marstall	Trilogie vom Weltenbrand	19. 06.
Josef Hader & Popette Betancor	Kabarett	19. 06.
Tam Echo Tam	A cappella	19. 06.
Erich von Däniken	Auf den Spuren der ALL-Mächtigen	20. 06.
Otto Lechner	Der liebe Augustin	20. 06.

1999
Programm

eiungen

Les Colporteurs	Filao	23. 06.
Bauchklang	A cappella	23. 06.
Karl Merkatz	Da Jesus und seine Hawara	24. 06.
Scapino Ballet Rotterdam	Nico	25. 06.
Bolzano & Maleh	Space Girls – Erotikinvasion aus dem All	25. 06.
Alf Poier	Zen	25. 06.
Vocaleros	A cappella	26. 06.
Tilo Nest	Abba jetzt!	27. 06.
Marlo Morgan	Finding your Life's Purpose	27. 06.
Tristans Kompagnons	Wagners Ring	30. 06.
Accus	Utopische Handlungen	01. 07.
Christian Suchy	Pudel & Pinguin – Ein Zappa-Noptikum	02. 07.
Christoph Bochdansky	Hüte dich, bleib' wach und munter!	02. 07.
M. Boine / S. Pires / A. Kidjo	3 Voices: Cult & Vision	03. 07.
dumb type	Or	03. 07.
Messing Network	Johnny zieht in den Krieg	03. 07.
DUM	Schöne neue Welt	03. 07.
theater bizarr	surf-dance	04. 07.
Silke Hassler	Azrael	04. 07.
Makis Warlamis	Ausstellung Alexander 2000	01. 10.

Meta
morp

2000

Finale. Abschluss einer Dekade.
Metamorphose.
Ovid steht als Metapher von der Antike
über die Renaissance zur Gegenwart. Die VOEST-Halle
wird als Spielort entdeckt,
Abschied vom Festival.
Der Captain und ein Großteil der
Besatzung beenden eine 10-jährige Ära:
Viel Neues ist schon im Entstehen.

hosen

2000

Metamorphosen

Von Gestalten zu künden,

die einst sich verwandelt

in neue Körper,

so treibt mich der Geist.

[Ovid]

Die »Gesellschaft für deutsche Sprache« in Wiesbaden kürt seit Jahrzehnten schon »Wörter des Jahres«. Dabei handelt es sich schlicht um jene, die in der Medienlandschaft am häufigsten verwendet werden, wodurch sich mit »BSE-Krise«, »Kampfhund«, »Big-Brother-Haus«, »überkapazitäre Mitarbeiter«, »Separatorenfleisch« oder »(deutsche) Leitkultur« ein grober Überblick darüber ergibt, was sich so im Jahr 2000 politisch wie gesellschaftlich abgespielt hat. Schade, dass unsere deutschen Brüder die österreichischen Medien nicht separat bewerten – dann hätten nämlich »Sondierungsgespräche«, »Schübling«, »Kinderscheck« und »Sanktionen« das Rennen gemacht.

Während aber im Jahr 2000 die Börsenkurse in Schwindel erregende Höhen stiegen und Technologiewerte zweistellige Gewinnzahlen versprachen, blieb in kulturpolitischer Hinsicht der Kampf ums Geld Thema Nummer eins – seither wird kulturelle Aktivität fast ausschließlich mit wirtschaftlichen Maßstäben gemessen. Die Gretchenfrage lautet dennoch: Was hält man von großen Geistern? Wie geht man mit ihnen um? Wo beginnt die Angst der Kulturverantwortlichen? Soll man auf den Durchschnitt setzen? Hat man dann mehr Ruhe? Sicher: Es wird immer Mitläufer und Kämpfer, Schrittmacher und Trittbrettfahrer geben. Gespart sollte aber nicht an der Investition in die Zukunft werden. In diesem Sinn muss die von Landeshauptmann Erwin Pröll angestrebte Kultur-(Schilling)Milliarde besonders positiv herausgestrichen werden, da nur so eine gleichwertige Entwicklung von Kultur in der Landeshauptstadt und zugleich in den fünf Landesvierteln erreicht werden kann.

Tatsache ist, dass in den letzten 25 Jahren international aus »Wachstum Kultur« ein zu verteidigender »Zustand Kultur« geworden ist. Kulturvermittlung wird immer häufiger durch das Schlagwort »Event« ersetzt – was »trendy« ist, den Staat entlastet, Land und Gemeinden von der Verantwortung befreit. Sicher, Kunst braucht keine Vormundschaft, aber Subventionen sind seit Jahren gerade in Europa ein Garant für demokratischen Ausgleich – und daher lebenswichtig für die Aufrechterhaltung einer individuellen europäischen Kultur. Im Jahr 2000 war deshalb auch für das Donaufestival Sparen angesagt, also planten wir ein kleineres Festival. Die wichtigsten Freunde und Mitarbeiter wie Beate Scholz, das Marketingteam, der kaufmännische Geschäftsführer waren gegangen. Und die Metamorphose machte auch vor dem Donaufestivalsschiff nicht Halt. Die Firma wurde in eine Holding eingegliedert und Synergien mit ehemaligen Konkurrenten wurden angeordnet.

Die vorbereiteten Reisen für das Festival 2000 waren ernüchternd, manchmal aber auch traumhaft abgehoben. Im Schnee in der südlichsten Steiermark, dort, wo sich die Füchs' Gute Nacht sagen, stand ein Zelt und da trainierte der steirische »Zirkus Meer« mit seinen Artisten. Tierfrei. Wir klinkten uns in die Produktion ein, die wollten wir in Krems haben. Keine weite Reise, aber dennoch eine Fahrt zu neuen Ufern waren die Gespräche mit der Werksleitung der VOEST in Krems – und wir bekamen die Halle. Und auch Geld. Wir feilschten wie die armen Vettern um jeden Sponsorschilling. Auch der Tullner Bürgermeister stellte seine Bühne zur Verfügung. Und etwas Geld. Krems war immer gastfreundlich, auch Weißenkirchen wusste bald, was es am Donaufestival hatte. Beim Treffen mit dem Kremser Bildhauer Fritz Gall entwickelten wir ein ein neues Konzept: Wir beschlossen, mit Lehrlingen der VOEST einen Stahlpfad durch Krems zu schweißen.

Kleine Auslandsreisen führten mich unter anderem nach Bremen, wo ich einen unvergesslichen Abend im Shakespeare Theater verbringen konnte. Und die Bremer Shakespeare Company wurde nach Krems eingeladen – mit »Was Ihr wollt« inszeniert von Vera Sturm. Ich fuhr weiter zu einer Roboter-Show nach Barcelona: Dort musste ich feststellen, dass die Vorstellung echt langweilig war. Wann kommen endlich die Bio-Roboter?

Wir entschlossen uns, das Donaufestival 2000 unter das Motto »Metamorphosen« zu stellen. Ein Festival der Verwandlung also. Wir wollten das Land an

der Donau von seiner schönsten Seite zeigen: zwischen den Stiften Melk und Göttweig, zwischen Renaissancehöfen, einem barocken Stadttheater, den Theaterzelten, einer Schiffsbühne in Tulln und einer Werkshalle – Industrie pur, Stahl. Wir folgten den verführerischen Gedanken eines Dichters, der uns viel Stoff für Theater, Musik und bildende Kunst hinterlassen hat: Ovid. Dazu holten wir sein wichtigstes Buch aus dem Feuer, eben »die Metamorphosen«. Sie standen als Metapher für Kunst und ständige Veränderung. Es führte uns direkt in die Renaissance, wo der Mensch und so manches Genie im Mittelpunkt standen. Sinnlichkeit und humanistischer Geist prägten dieses Zeitalter ebenso wie die großen Entdeckungsreisen zu neuen Kontinenten.

Eröffnet hatten wir das Festival 2000 mit der Österreich-Premiere der Gruppe »Kook Soo Ho's Didim Dance Company«, die nicht nur die besten Drum-Dancer Südkoreas sind, sondern gleichzeitig mit diesem Event auch eine neue Spielstätte des Donaufestivals – die adaptierte Werkshalle der VOEST Krems – rituell einweihten. Der herbe Charme niederösterreichischer Industrietechnik gab ein passendes Ambiente für diese Weltklasse-Show. Denn jahrtausendealte Musik-

Kook Soo Ho's Didim Dance Company: Drum-Dancer aus Südkorea.

Eröffnung des Donaufestivals 2000 mit den Korean Drums und Ovid.

und Klangtradition, die dem koreanischen Drum Dance zu Grunde liegt, wurde dabei in die High-Tech-Gegenwart transformiert. Dabei erlebte das Publikum erstmals in Österreich rituelle Musik und Bewegungsabläufe, in denen die Harmonie zwischen Himmel und Erde, die Ausgewogenheit von Yin und Yang zum Ausdruck gebracht wurde. Die Bühne fungierte der Dance Company und ihrem 60-köpfigen Ensemble als Schauplatz einer Welt, wie sie sein sollte. In rhythmischer Ausgewogenheit von Geist und Materie fanden die Tänzer über ihr unmittelbarstes Instrument, den eigenen Körper, den sensiblen Kontakt zu den Klangkörpern ihrer Instrumente. Jedes der Instrumente hatte seine spezielle spirituelle Bedeutung, ihr Gebrauch ist aus der koreanischen Fest- und Musikkultur damals wie heute nicht wegzudenken, wobei zu wünschen wäre, dass die Zukunft reichlich Raum für die Feste der Korean Drums bieten möge.

Dazu Klang des Stahls – wieder war mir das Gesamtkunstwerk wichtig. Gerade ein Jahr der wenigen Mittel zeigte, dass mit Fantasie auch aus dieser Situation etwas zu machen war (ohne die Großzügigkeit der Austria Tabak für ihre Unterstützung durch »artcult« sowie die der Raiffeisenlandesbank Nieder-

österreich-Wien wäre allerdings all das nicht möglich gewesen). Die aus Stahl gefertigten Objekte des Kremser Künstlers Fritz Gall veränderten das Stadtbild während der Festivalszeit. Seine Entwürfe wurden von Lehrlingen der VOEST-Alpine Stahl mit werkseigenen Stoffen umgesetzt und führten den Betrachter über die Vertrautheit des Materials zur modernen Skulptur.

Wir arbeiteten auch mit den mobilen Skulpturen des Autohauses Teuschl, die uns für Künstler- und Personentransporte sowie als Werbeträger für das Festival zur Verfügung standen und im Weichbild der Stadt und im Umraum für Aufmerksamkeit sorgten.

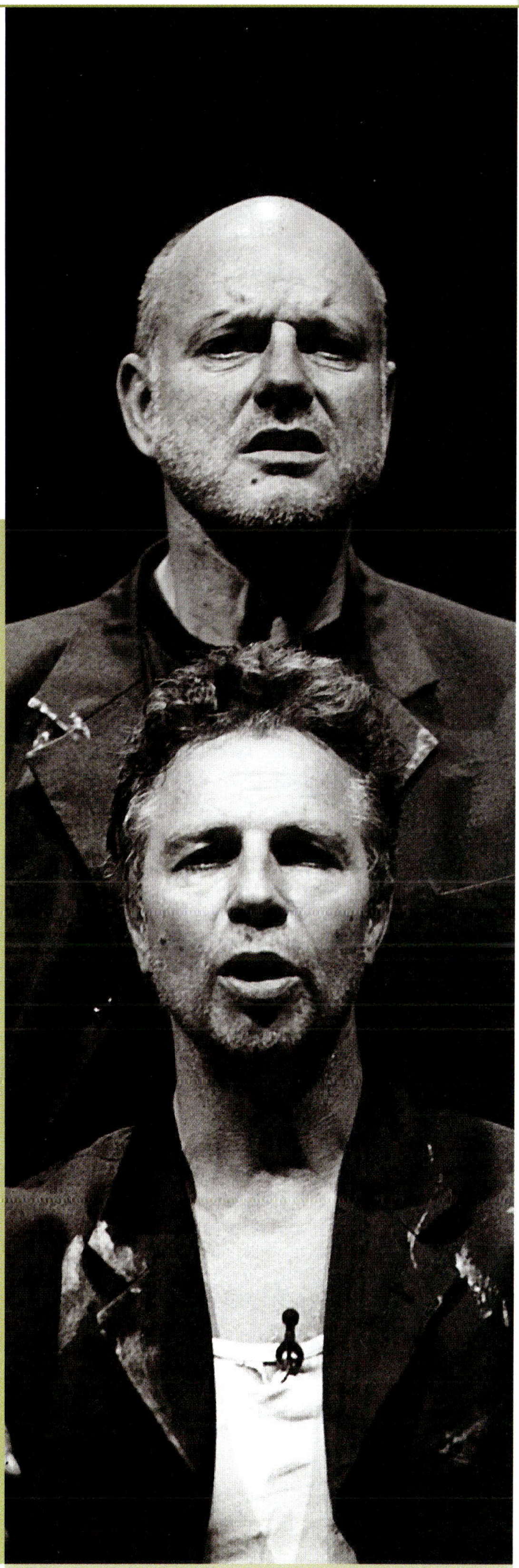

Alvaro Solar – »Johan Padan entdeckt Amerika« – im Stück von Dario Fo.

Adi Hirschal und Wolfgang Böck – Musikalisch-literarische Himmelfahrt durch Wiens abgründige Seite.

2000

Optik und Grafik des Festivals hatte während der letzten Jahre Matthias Fürpass (»der Hiasl«) in seinem unverwechselbaren Stil geprägt. Die nachfolgende Grafikerin Gudrun Hohengasser setzte die Zeitenwende des Festivals gekonnt um. Die Coverillustration 2000 stammte von Wolfgang Breitenecker vom Design Zentrum Pöchlarn. Metamorphosen auch in der Fotografie: Johannes Kittel folgte Lukas Beck.

Wir begannen das »Wachauer Theaterfestival« mit der Auftragsproduktion »Naso – Ein Ereignistheater«, die die Theatergruppe Brauhaus aus Litschau im Waldviertel für uns erarbeitete. Erzählt wird die Geschichte Ovids und seine Verbannung, die sich aus seiner Funktion als erfolgreicher Hof-Dichter ergab. Ovid fiel bei Kaiser Augustus in Ungnade und wurde 8 n. Chr. nach Tomis ans Schwarze Meer verbannt, einem Ort, weitab von der damaligen »zivilisierten« Welt, wo er vereinsamt und verbittert neun Jahre später starb. Martin Wall und Wolfgang Schmid haben das Buch geschrieben, Christoph Cech die Musik, Zeno Stanek inszenierte und es spielten Robert Hauer-Riedl, Christian Banzhaf und Petra Strasser, es musizierte das Janus-Ensemble. Das Stück handelt vom Aufeinanderprallen des erstarrten Römischen Reiches mit der Welt der Metamorphosen, die durch die ständige Veränderung die Starre des staatlichen Systems bedrohen könnte. Den Staat verkörpern Kaiser Augustus und sein Minister Proteus, die Metamorphosenwelt Ovid als Dokumentator und Augustus' exzentrische Enkelin Julia, die an orgiastischen Festen teilnimmt. Ceyx, ein junger Zensurbeamter des augustäischen Staates, verirrt sich ungewollt in die Welt der Metamorphosen und wird durch den staatlichen Apparat zermalmt. Er wird vom Jäger zum Gejagten. Er, der die Verwandlungen ewig bekämpfte, kann nur durch diese gehassten Veränderungen dem System entfliehen. Augustus, durch die ständigen Übertretungen seiner Prinzipien verärgert, statuiert an seiner aufsässigen Enkelin ein Exempel und verbannt sie. Ovid, als Mitwisser, wird ebenso in die Verbannung geschickt. Übrig bleibt der starre Staat des Augustus bar jeder Fantasie.

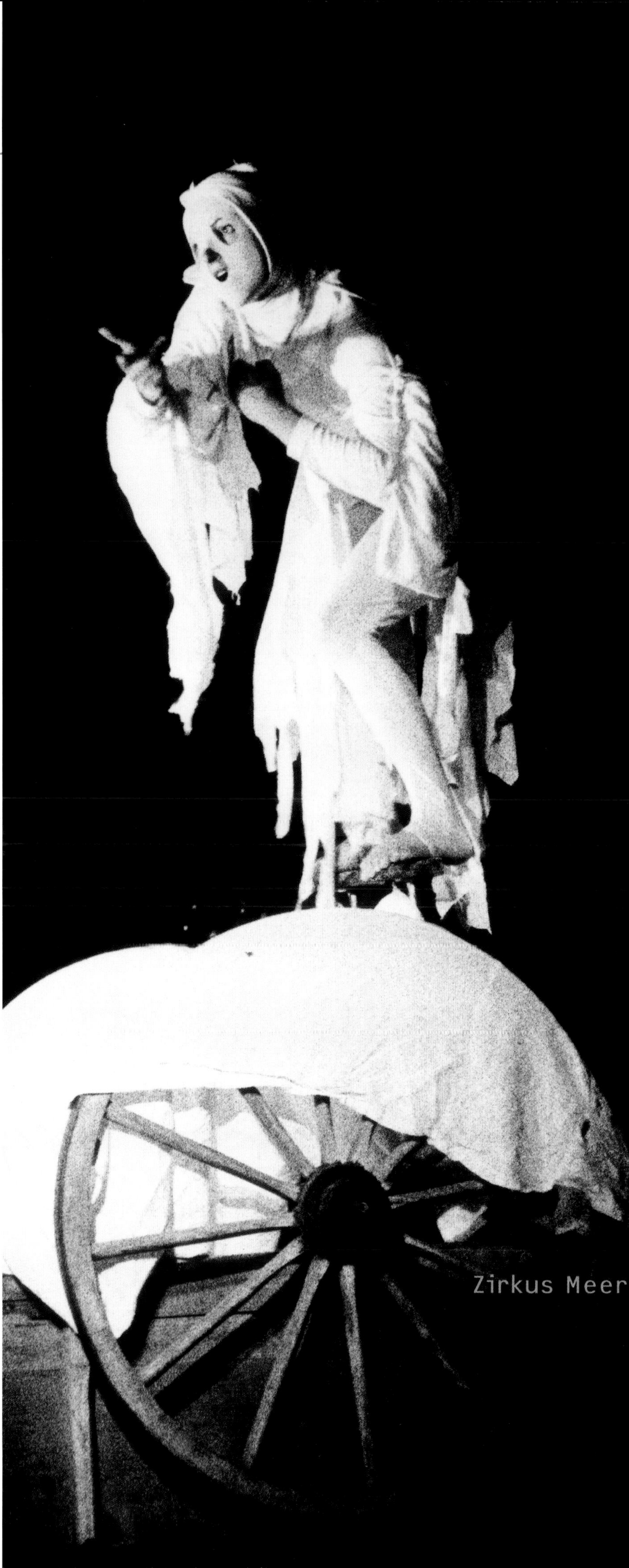

Stanek zeigte in achtzehn Szenen auf komödiantische Weise die durch Zensur und Verbote gesteuerte langsame Vernichtung der Fantasie. Die Grundlage für das Stück bildete übrigens Christoph Ransmayrs Roman »Die letzte Welt«. Inszenierung und Bühne zielten darauf ab, das Publikum von Beginn an in das Geschehen zu involvieren und durch eine Fülle von optischen Eindrücken in die Fantasiewelt der Metamorphosen hineinzuziehen. Die Musik des Janus Ensembles, dirigiert von Christoph Cech, war wichtiger Bestandteil der Inszenierung und setzte sich aus Teilen des Repertoires und Improvisationen zum Stück zusammen.

Die zweite von Zeno Stanek inszenierte Produktion (ihm wurde eine Personale gewidmet) war Mitterers »Krach im Hause Gott«: Gott, ein verzweifelter alter Mann, Jesus, ein moderner Hippie, der Heilige Geist, ein versnobter Dandy, Maria, die Unterdrückung des Weiblichen und Satan, ein Spin-Doctor des Bösen, sitzen über die sündige Menschheit zu Gericht. Felix Mitterer griff das Thema einer »himmlischen Gerichtsverhandlung« erstmals für eine Neu-Bearbeitung des Jedermann-Stoffes für das Theater in der Josefstadt auf. Auf Anregung von Freunden baute er das kurze Vorspiel im Himmel aus und es entstand das

»Krach im Hause Gott« – ein modernes Mysterienspiel von Felix Mitterer mit Robert Hauer-Riedl, Tim Kramer und anderen. Regie: Zeno Stanek.

Zirkus Meer – Artisten und Musiker aus Österreich, Italien, Frankreich und China agieren im Stil eines »Cirque Nouveau«, theatralisch-surreale Elemente verschmelzen mit fernöstlicher Literatur.

Hörspiel »Krach im Hause Gott« für den ORF. Für die Bregenzer Festspiele 1994 erarbeitete er eine Abend füllende Theaterversion, die auch prompt heftige Kontroversen auslöste und dem Autor eine Anzeige wegen Religionsverhöhnung einbrachte. Der feministische

Man gab dem Schiff weniger Treibstoff. Und einen anderen Reeder.
Der Schatzmeister zieht Leine, heuert woanders an.
An Bord kommt Ovid. Er ist unterwegs mit einem Bündel Gedichte.
Der Captain hört ihm eine Nacht lang zu, dann taucht Zeno auf, mit ihm junge Schauspieler und Musiker. Denen erzählt der Captain von seiner Erscheinung. Daraus wird ein Theaterstück mit Musik.

Sibylle Canonica und Tobias Moretti lasen aus Giovanni Boccaccios »Decamerone«.

Aspekt in dem Stück stellt ein Novum gegenüber früheren »Jedermann-Bearbeitungen« Mitterers dar und ist Ausdruck seiner intensiven Beschäftigung mit der feministischen Theologie. Die Auseinandersetzung zwischen jenen, die die Welt – zumindest ihre kleine Welt – verändern, »verwandeln« möchten, und jenen, die tatsächlich ihre Welt erhalten, bewahren möchten, ist so alt wie die Geschichte des Zusammenlebens von Menschen. Durchwegs sind es die jeweiligen Machthaber, die versuchen, jede Veränderung zu verhindern – und fast immer sind es die Künstler, die »metamorphisch« denken, handeln und verändernd eingreifen.

Auch in William Shakespeares verrücktester, zartester und bitterster Verwechslungs- und Verwandlungskomödie »Was Ihr wollt« steht die Illusion gegen die Wirklichkeit. Wir zeigten eine Inszenierung von Vera Sturm für die Bremer Shakespeare Company. Norbert Kentrup brillierte als saufender Vielfraß Sir Toby Rülps neben Silvia Kühn und Susanne Höhne. Ein Mädchen-Knabe steht im Mittelpunkt dieses eigenartigen Reigens der Vergeblichkeiten, der Täuschungen und des Liebeswahnsinns. Ein Mädchen, das sich als Knabe verkleidet hat, liebt einen Mann, der eine Frau liebt, die einen Knaben liebt, der eine Frau ist. Nur wer verborgen bleibt, hat eine Chance auf dieser seltsamen Insel Illyrien, die noch nie jemand verlassen, so wie er sie betreten hatte. Meines Erachtens hat dieses Stück bestens zum Thema »Metamorphosen« gepasst, denn: Was bedeutet die Zuordnung zu einem Geschlecht? Wer ist Mann, wer ist Frau? Letztendlich kann wirklich keiner sicher sein, wen er im Arm hält.

Sie kommen aus China, Frankreich, Marokko – und Österreich. Sie sind Artisten, arbeiten am Hochseil und betreiben auch Handstandäquilibristik. Und ihr erklärtes Ziel ist es, »akrobatische Darbietung mit theatralischen Inhalten zu einem geistig wie sinnlich anspruchsvollen Stück zu verbinden«. Die Rede ist vom Grazer »Zirkus Meer«, der – 1998 von Walter Moshammer gegründet – mit seinem Stück »Dao – Der Weg des Marco Polo« beim Donaufestival 2000 gastierte. Moshammer war Karate-Staatsmeister, bevor er sich für Akrobatik zu interessieren begann. Schon 1984 baute er in Graz eine Sommer-Zirkusschule und 1986 eine Sommerschule für Artistik und Straßentheater auf. Ab 1990 erlernte er chinesische Akrobatik in der »San Francisco School of Circus Arts«, 1996 in Deutschland die schwierige Technik auf den chinesischen Stangen. Ab 1998 war er Zeltmeister beim österreichischen »Zirkus Adriano«. Zeltmeister ist nun nicht nur der Ober-Akrobat, sondern auch derjenige, der weiß, wie man ein Zirkuszelt aufbaut. Auch das ist eine Kunst. Schon 1999 tourte der international besetzte »Zirkus Meer« mit »Marco Polo« durch Österreich.

Die Zuschauer erlebten damals die Eroberung Chinas durch mongolische Reiterhorden – dargestellt durch chinesische »Löwen« und Stelzenreiter. Ein Drahtseilakt am »messerscharfen Horizont« des Meeres führte Marco dann nach Bali, wo er in eine Geister- und Dämonenwelt eintauchte. Das, was dann bei uns zu sehen war, nannte Walter Moshammer eine »erweiterte Fassung«, noch mehr in Richtung theatralischer Zirkus. Interessant dabei ist, dass in Frankreich beinahe ein Drittel des Zirkusgeschehens den »Nouveau Cirque« ausmacht, während er an Österreich so ziemlich vorbeigegangen ist. In Asien ist das anders. Was lag also für einen österreichischen Theater-Zirkus näher, als mit der Figur des Marco Polo die Kontinente Europa und Asien aufeinander treffen zu lassen?

Marco Polo, der wahrscheinlich von 1254 bis 1324 lebte, geriet 1298 in der Seeschlacht von Curzola in genuesische Gefangenschaft und nutzte die Zwangsmuße, um seine Erinnerungen an eine schier unglaubliche Reise zu diktieren: Der in Venedig geborene Kaufmannssohn hatte seinen Vater auf einer Handelsreise durch Zentralasien nach China begleitet, das damals von den Mongolen unterworfen war. Der Großkhan Khub(i)lai fand Gefallen an dem jungen Europäer und machte ihn zu seinem Präfekten. Als solcher durchstreifte Marco Polo China in allen Himmelsrichtungen, ehe er wieder in seine Heimat aufbrach. Heute bezweifelt man, ob Marco Polo wirklich in Asien gewesen ist. Für den Regisseur Beda Percht ist das nicht so wichtig: »Dao – Der Weg des Marco Polo« ist ohnedies eine Reise in die Fantasie. Percht nahm sich daher die Freiheit, Marco Polo neu zu erfinden: Dieser erlebt die historische Reise, verliert sich im Geschehen und findet sich wieder im chinesischen Dichter Li Bai. Ausgehend vom

Der Aussichtsplatz auf der Weinterrasse über der Donau – da stehen der Captain und sein Bordarchitekt, der Neversal.
Hier wird in 20 Jahren ein Wachautheater stehen. Hier soll Shakespeare gegeben werden und Boarsky! Neverliz und Krausal befinden die Idee für gut und geben sich anschließend ein Achterl Urgesteinsriesling bei der Koch-Lisl, die so viele Hauben hat.

Bernd Lafrenz:

»Othello probt den Aufstand«

– Drama um Eifersucht,

Macht, Gier und Mord als

One-Man-Show.

konkreten Menschen wird aus »Marco Polo« eine »Traumreise in das, was wir fürchten, und in das, was wir wünschen«. Was als Reise begann, wird zum Dao, dem Weg. Für den Regisseur kann man Dao auch mit »Gleichgewicht« übersetzen, und damit sind wir wieder bei der Akrobatik angelangt, dem Fliegen, der Balance am Seil und auf Stelzen. Dazu kommen internationale Schauspieler und Musiker. Doch »Dao – Der Weg des Marco Polo« sollte Zirkus bleiben; Percht wollte nicht »Theater drüberstülpen«, sondern mit den Mitteln des assoziativen Bildertheaters arbeiten. Zum Beispiel konnte ein Akteur einen roten Stoff als Mantel auf die Bühne bringen, der wenig später zu einem Vorhang wurde, der zu Boden fiel und bald eine Blutlacke darstellte. »Dao – der Weg des Marco Polo« ließ theatralisch-surreale Elemente mit fernöstlicher Körperkunst, Musik und Literatur zu einer fiktiven Reise in die Sehnsucht nach dem Wilden im sagenhaften Asien verschmelzen. Ein zirzensisches Abenteuer.

In der VOEST-Halle, wo sonst das Kreischen und Dröhnen von Industriemaschinen zu hören ist, ertönten die Wohlklänge von Bedřich Smetanas symphonischer Dichtung »Die Moldau«, Leoš Janáčeks Violinkonzert »Wanderung der kleinen Seele« und Antonín

Dvořáks letzter Symphonie Nr. 9 e-Moll op. 95 »Aus der Neuen Welt«, gespielt von den Brünner Philharmonikern. Solist in Janáčeks Violinkonzert, das erst 1988 wiederentdeckt und uraufgeführt wurde, war der kanadische Shooting-Star Alexandre da Costa.

Ein besonderes Erlebnis war für uns auch der »Tag der Renaissance« im Stift Melk: Die Renaissance als Wiege der Moderne und Ausgangspunkt gesellschaftlicher wie sozialpolitischer Veränderungen stand im Mittelpunkt eines hochkarätig besetzten Symposions. Ein Philosoph, eine Literaturwissenschaftlerin, ein Betriebswissenschaftler und ein Genetiker diskutierten über den Geist dieser Epoche im Licht neuer Erkenntnisse. Ist das Lebensmuster der Renaissance von Bedeutung für die Gegenwart und gibt es eine Verbindung zur Zukunft unserer Spezies? Das war die Kernfrage, aus der sich eine interessante Diskussion entwickelte. Anita Prammer hatte dieses Symposion professionell, mit viel Liebe und Kenntnis der Materie zusammengestellt.

»Ein Aussbund schöner Teutscher Liedlein zu singen und auf allerley Instrument zu brauchen« – unter diesem Motto stand ein Renaissancekonzert mit dem Clemencic Consort, das lebendige Authentizität

»Was ihr wollt« – Bremer Shakespeare Company: Eine Verwandlungskomödie. Regie: Vera Sturm.

Marcus Jeroch – jongliert mit Worten, Silben und Gegenständen.

Gernot Kranner – musikalischer Herzensbrecher, begleitet am Klavier von Walter Lochmann.

alter Musik darbot. Unbändige Spielfreude ist das Credo des 1957 von René Clemencic gegründeten Ensembles. Die internationalen Sänger und Instrumentalisten interpretieren Musik aus dem Mittelalter bis hin zum Barock auf historischen Instrumenten und haben viele Werke dieser Epoche – oft zum ersten Mal – einer breiteren Öffentlichkeit zugänglich gemacht. René Clemencic – in seiner Universalität ein wahrer Renaissancemensch – ist Komponist, Dirigent, Flötenvirtuose, Musikwissenschaftler und Schriftsteller, Leiter internationaler Musikkurse, Philosoph und Sammler emblematischer Bücher und Skulpturen. Eine rege Konzerttätigkeit auf internationaler Ebene, über hundert Tonträger und zahlreiche Auszeichnungen unterstreichen die Bedeutung von Ensemble und Leiter. Mit Werken u.a. von Ludwig Senfl, Heinrich Isaac, Matthias Greyter und Arnold von Bruck klang der Tag im Zeichen der Renaissance stilgerecht aus.

Sie geigten, was das Zeug hielt: Das Zigeuner Orchester Bihari unter der Leitung von Mátyás Boros brachte einen temperamentvollen Abend nach Tulln. Das Konzert der hundert Musiker – darunter acht Primgeiger – fand vor der stimmungsvollen Kulisse auf der 1999 nach Plänen von Eduard Neversal neu erbau-

ten Donaubühne Tulln statt. Das Orchester hat es sich zum Ziel gesetzt, die Musikkultur der Zigeuner zu erhalten, weiterzuentwickeln und einer breiten Öffentlichkeit nahe zu bringen. Die traditionelle Musik des wandernden Volkes wird vom Vater an den Sohn weitergegeben, indem mehrere Generationen miteinander musizieren. So auch in der Familie Boros. Dabei richtet sich die Anzahl der auftretenden Musiker nach den Anforderungen des Programms und der Veranstaltung. Ihr Repertoire – so auch das Programm in Tulln – umfasst nicht nur die traditionelle Zigeuner- und die ungarische Volksmusik, sondern auch klassi-

Der Pavillon im Stadtpark Krems und die Frauen von morgen: »Berliner Nacht« mit Martina Brandl/Tanja Ries – Entdeckungen aus der Stadt der Verwandlungen.

sche Werke von Johann Strauß, Johannes Brahms, Franz Liszt bis Zoltán Kodály und Aram Khachaturian.

Alte Musik neu interpretiert gab es auch vom jungen Mailänder Barock-Ensemble »Il Giardino Armonico« – der Hit in der Kirche in Weißenkirchen über dem Teisenhoferhof. Das 1985 gegründete Ensemble gehört wohl zu den außergewöhnlichsten unter den führenden italienischen Barock-Orchestern, die sich auf die historische Wiedergabe mit Originalinstrumenten spezialisiert haben. Ein unverwechselbarer, dynamischer Klang ist neben der großen Programmvielfalt das herausstechendste Merkmal. Eine Entdeckung für viele war dabei der Teisenhoferhof in Weißenkirchen als Festivalsspielort – das wundervolle Renaissance-Ambiente bot den würdigen Rahmen für den einzigen Österreich-Auftritt bei dieser Tournee. Zu hören waren vor allem Werke von Castello, Uccellini, Gegrenzi, Merula und natürlich Antonio Vivaldi.

In Zusammenarbeit mit dem Theater der Landeshauptstadt St. Pölten hatten wir 2000 noch eine weitere Eigenproduktion, auf die wir stolz sein konnten: Klaus Maria Brandauer las von Menschen und Metamorphosen, vom Schmerz der körperlichen Veränderung und von der Kraft der geistigen Erkenntnis,

aber auch von kleinen Wundern der Natur. Texte von Ovid bis Roth, von Trakl bis Nietzsche, von Shakespeare bis Kafka. Ich saß neben dem damaligen Theaterdirektor Peter Wolsdorff in der Intendanten-Loge. Klaus Maria brach mitten in der Lesung ab und begann zu improvisieren – ihm wurde es zu dicht wie vielen anderen im Raum – er brauchte Freiraum, da ist er ein ganz Großer. Beim anschließenden Umtrunk gab er sich entspannt, privat und sehr freundlich.

Der TV- und Filmstar Tobias Moretti und die Schweizer Schauspielerin Sibylle Canonica lasen aus Giovanni Boccaccios frivol-witzigem »Decamerone – Ratgeber für Liebende« aus dem 14. Jahrhundert. Die musikalische Einstimmung auf das Mittelalter und die Renaissance erfolgte durch den Countertenor Bernhard Landauer, der immer wieder mit renommierten Ensembles und Dirigenten im Bereich der Alten Musik zusammenarbeitet, und das Alte-Musik-Ensemble Unicorn unter der Leitung von Michael Posch, das auf das Instrumentarium des Mittelalters spezialisiert ist, wobei lebendige Aufführungspraxis und historische Improvisation im Vordergrund stehen. Je nach Programm werden zusätzlich entsprechende Sänger und Instrumentalisten als Gastmusiker eingeladen.

»Alexander 2000« – viel beachtete Ausstellung von Makis Warlamis in Krems.

Alvaro Solars »Johan Padan entdeckt Amerika« von Dario Fo im Art Cult Spiegelzelt im Kremser Stadtpark unter der Regie von Ferruccio Gainero war eines der Lieblingsgastspiele des Festivals. Der norditalienische Bauer Johan Padan flieht vor der katholischen Inquisition und bricht mit der vierten Expedition des Christoph Kolumbus nach Indien auf. Der Literatur-Nobelpreis-Träger Dario Fo erzählt die Geschichte der Entdeckung Amerikas neu, witzig, komisch und fern von jedem Heldentum. Mit Gesang, Percussion, Gitarre und unterschiedlichsten Geräuschen versetzte der chilenische Schauspieler Alvaro Solar – bekannt als Teil des Duos »Erwi & Alvi« – das Publikum in den Neuen Kontinent. Dabei wurden auch essenzielle Fragen beantwortet wie, warum das Trinken von Pisse uns vor den Kannibalen rettet, oder wie man Liebe auf einer Hängematte macht, ohne ständig auf den Arsch zu fallen.

Das Donaufestival 2000 war ein eher ruhiges, ausgeglichenes, wohl auch des Themas wegen. Wir hatten eine Auslastung von 89 Prozent, 20.000 Karten wurden verkauft: Ein schönes Ergebnis für gerade einmal 15 Tage Spielzeit.

»Im Zeichen der Metamorphose steht auch Alf Krauliz' Entwicklung«, konnte meine Pressedame der

Zirkus Meer – »Dao – der Weg des Marco Polo«, Regie: Beda Percht.

Theater. Werkstatt Brauhaus – »Naso«. Das Drama über Ovid in der Regie von Zeno Stanek, ist das Schlüsselstück des Donaufestivals 2000. Musik: Janus-Ensemble.

2 0 0 0

»Stahl in Bewegung« –
Konzept: Fritz Gall.

Öffentlichkeit am Ende des Festivals bekannt geben. »Er wird ab August 2000 nicht mehr als Intendant zur Verfügung stehen, um sich auf neue Projekte konzentrieren zu können. Alf Krauliz sagt Dankeschön an alle Festival-Partner aus Kunst, Medien, Wirtschaft und Politik sowie an ein erfahrenes Team, mit dem das Festival in Zukunft erfolgreich neue Wege gehen könnte. Wiewohl er empfiehlt, den finanziellen Rahmen großzügiger zu gestalten, um im internationalen Konzert der Festivals adäquat mitspielen zu können«.

Seit meiner aktiven Musikerzeit bei der Pop-Kabarett-Gruppe »Misthaufen« und nach Abschluss meines Studiums der Geologie habe ich mich dem Beruf eines »Kulturvermittlers« und Ideenfinders verschrieben. Erkenntnis: Kulturarbeit verträgt sich durchaus mit Aktivität und Neulandsuche – und die Zusammenhänge und Abhängigkeiten von Politik und Gesellschaft können auch reizvoll sein.

Nur: Bescheidenheit ist nicht angebracht. Daher gilt für mich stets: »Gebt's ma a Gstettn und i mach euch an Kultur-Acka draus.« Deshalb forsche ich auch derzeit im Waldviertel im Rahmen eines internationalen Projekts mit Tschechien an den Zusammenhängen zwischen Räumen, Inspiration und Kulturentwicklun-

gen als Ausgleich zu meiner intensiven Regie- und Theaterarbeit in europäischen Großstädten.

Ich habe das Dutzend nicht voll gemacht, sondern nach zehn Jahren die künstlerische Leitung des Donaufestivals abgegeben. Es war eine tolle Zeit. Ich habe alles künstlerisch verwirklichen können, was ich mir vorgenommen habe, ich habe fantastische Künstler im In- und Ausland und vollkommen neue Erkenntnisse über die Menschen in diesen fünf niederösterreichischen Landesvierteln, ihre unersetzbare Kulturarbeit, ihren Idealismus und ihren kritischen Geschmack kennen gelernt. Unsere Gedanken im Kulturkoffer waren damals: mehr Partizipation, Jugendkultur, Kindertheater, das Interesse Niederösterreichs an internationaler Kultur heben. Nicht Großstadtkultur imitieren, sondern am jeweiligen Ort etwas Eigenständiges erarbeiten. Viele für Qualität begeistern und für Toleranz eintreten. Thematisch, künstlerisch und geografisch wurde Niederösterreich nach 1990 durch das Donaufestival zum Brennpunkt für mitteleuropäische Kultur. Denn alte städtische und ländliche Kulturbilder wurden von einem neuen internationalen Kulturbegriff für Niederösterreich ersetzt. Künstler von Weltrang wie Jérôme Savary, André Heller, Inge Morath, Gottfried Helnwein, Merce Cunningham konnten zu den künstlerischen Höhepunkten und Glanzlichtern dieses Festivals gezählt werden, das auch ein großes Herz für junge unentdeckte Künstler und Kunstrichtungen hatte, Kabarettgruppen wie »Schlabarett« (Düringer, Dorfer, Händler, Novak) förderte und mit seinen Donauraumsymposien auch den Kontakt mit den Nachbarländern pflegte.

Mit den mobilen Aufführungsorten wie dem fliegenden Theaterhaus oder der Schiffsbühne konnten neue Akzente gesetzt werden. Doch auch Traditionelles kam zum Zug: 1997 wurde erstmals seit 43 Jahren wieder ein Donaufloß vom Stapel gelassen, das als Festivalsattraktion die Botschaft der Kultur von Wallsee bis Krems prägte. Die Städte Krems und St. Pölten wurden Zentren des Donaufestivals, die Donaustädte Hainburg, Tulln und die Wachau häufig ins Festivalsgeschehen mit einbezogen. Bald wurde eine durchschnittliche Auslastung von 90 Prozent erreicht.

Wien beobachtete nachdenklich diese Entwicklung in seinem benachbarten Bundesland Niederösterreich und reagierte prompt: Es verlängerte 1992 die Festwochen weit in den Juni hinein und auch das basiskulturelle Donauinselfest wurde in die letzte Juni-Hälfte verlegt, um den Besucherstrom ein wenig von den Attraktionen in Niederösterreich abzuziehen. Nicht ohne Stolz darf ich angeben, dass das Festival unter meiner Intendanz zu seinem unverwechselbaren Stil fand und künstlerische Impulse nicht nur in Niederösterreich setzte. Das Donaufestival wirkte ideenfördernd mit Inhalten, ungewöhnlichen Veranstaltungsformen und mit seiner Liebe zu heimischen Künstlern auf andere Festspiele . Es stand für künstlerische Offenheit, für ein klares Bekenntnis zur Kunst – zur Erregung öffentlicher Freude.

Über der Donau sitzt der Captain mit seinen neuen Freunden:
Sir Toby Rülps, Peter Ultee, die Shakespeare-Schauspielerin,
die zwei Assistentinnen, Zeno, die Grenzfrau,
die Pianistin, die Geschichtslehrerin.
Schweenebauch ist schon beim nächsten Festival.
Der Captain bleibt bis zur letzten Minute ungerührt.
Kälte ist eingezogen. Im Park frieren im Sommer die Äste. Aus Wien
kommen die Verabschiedungsabteilungen.
Die Niederösterreicher sind still, verstört, verzagt.
Krems ist noch nicht entschuldet, wird sich keinen Abschiedskaffee
für den Captain leisten können – auch die geplante Tapferkeitsmedaille
wird wieder eingeschmolzen. Aber ein Buch wird kommen.

Konsequent auf der Suche nach neuen Räumen, Inhalten und Begegnungen führte meine Intendanz Niederösterreichs Landesfestival auf eine Reise in die Welt des »Mythos Donauraum« mit »Räumen in Bewegung« bis zu den »Metamorphosen« des Ovid.

Die Bilanz meiner zehnjährigen Intendanz: Über 300.000 Besucher, eine sehr hohe Auslastung und die Entwicklung des NÖ-Donaufestivals zu einem der größten europäischen Festivals.

2000

Natur und Kultur:
Schalenstein im
Oberen Waldviertel.

Meta morph

Native Festival	Spurensuche im Waldviertel	06. 05.
Fritz Gall	Stahl in Bewegung	06. 06.
Wendelin Schmidt-Dengler	Der Klassiker Ovid und seine Metamorphosen	13. 06.
Ingrid Brandstetter	Metamorphosen-Bilder	14. 06.
Design Zentrum Pöchlarn	Junge Kunst im Rathaus	14. 06.
Kook Soo Ho's Didim Dance Company	Korean Drums	16. 06.
Theater. Werkstatt Brauhaus	Naso	16. 06.
Stadt in Verwandlung	Kremser Stadtfest	16. 06.
Publius Ovidius Naso	Nichts bleibt, doch alles ist von Dauer ...	17. 06.
Barbara Kratz	Götterspeise	17. 06.
Alvaro Solar	Johan Padan entdeckt Amerika	17. 06.
Adi Hirschal/Wolfgang Böck	Schwoazze Luft – Strizzilieder	18. 06.
Theater. Werkstatt Brauhaus	Krach im Hause Gott	21. 06.
Gabriel Guillén	Wednesday Night in Krems	21. 06.

osen

2000 Programm

Richard Heinrich	Im Mittelpunkt steht der Mensch	22. 06.
Gernot Kranner	Ich brech' die Herzen ...	22. 06.
Clemencic Consort	Ein Ausbund schöner Teutscher Liedlein ...	22. 06.
Mátyás Boros jr.	Zigeuner Orchester Bihari	23. 06.
Spirit Voices/John Doe	Ein Abend ohne Orchester	23. 06.
Zirkus Meer	Dao – Der Weg des Marco Polo	24. 06.
Bernd Lafrenz	Othello	24. 06.
Brünner Philharmoniker	Klassik im Werk	25. 06.
Marcus Jeroch	Woklo	25. 06.
Klaus Maria Brandauer	Geschichten von steter Verwandlung	28. 06.
Wiener Symphonia Schrammeln	Aufbruch ins neue Jahrtausend	28. 06.
Il Giardino Armonico	Alte Musik neu entdeckt	29. 06.
Sibylle Canonica/Tobias Moretti	Flucht ins Leben	29. 06.
Bremer Shakespeare Company	Was ihr wollt	30. 06.
Tanja Ries/Martina Brandl	Berliner Nacht	30. 06.
Carin Cosa Latin Band	Fiesta Latina	01. 07.

1 9 9 0

1 9 9 1

1 9 9 2

1 9 9 3

1 9 9 4

1 9 9 5

1 9 9 6

1 9 9 7

1 9 9 8

1 9 9 9

2 0 0 0

A v a n t
Kultur
n a c h W o r t

»Räume in Bewegung« als Generalmotto für 10 Jahre Donaufestival charakterisiert auch trefflich die Zeit der schnellen Veränderungen, in der wir leben. Europas Landkarte ist neu gezeichnet worden, Österreich schon wieder lange Mitglied der EU, deren Osterweiterung knapp bevorsteht. In diesem Dezennium gerieten auch in Niederösterreich Räume in Bewegung: Das Land hat heute eine eigene Hauptstadt, einen eigenen Kulturbezirk, es zählt zu den europäischen Spitzenregionen, wird als Wirtschaftsstandort immer attraktiver. Der beste Spiegel für die Dynamik und Aufbruchsstimmung, die auch geistig und kulturell in unserem Land herrscht, ist das Donaufestival. Es war und ist ein Fest für die Avantgarde, der zeitgenössischen Kunst verschrieben, immer mit dem Mut zum Experiment und manchmal auch zur Provokation. Ein Festival der Fantasie mit vielen Spielorten, das sein Publikum begeistert, das durch internationale Produktionen den Flair der Weltkultur besitzt und zugleich durch Uraufführungen heimischer Werke seine regionale Identität zu wahren weiß. Das alles macht die Einzigartigkeit des bunt schillernden Donaufestivals aus, das heute unverzichtbarer Bestandteil unseres Kulturlebens ist. Das alles ist ein bleibendes Verdienst von Alf Krauliz, der zehn Jahre lang als Intendant auf seiner Kommandobrücke stand. Das Donaufestvial hat nicht nur Räume und Regionen des Landes in Bewegung gebracht, es hat auch selber »Metamorphosen« (Festivalsmotto 2000) durchgemacht. Alf Krauliz hat seine Leitung in andere Hände gelegt, das Festival hat jetzt im Frühjahr seinen festen Platz gefunden und ist das erste der großen österreichischen Kulturfeste im Jahreskreis. Sein Programm, noch mehr auf junge Menschen ausgerichtet, steht aber immer noch für Aufbruch, Erregung, Entdeckung, ist innovativ und kontrastreich. 10 Jahre Donaufestival bedeuten als Bilanz eine enorme Schubkraft für das Kulturleben des Landes, das zugleich eingebunden wurde in das internationale Kulturgeschehen.

Erwin Pröll
Landeshauptmann von Niederösterreich

Zur Kraft

von Gesamtkunstwerken

Nach Abschluss der Reise mit dem Donaufestival beschäftige ich mich mit Regiearbeiten und internationalen Projekten, der Sommerakademie Motten, der Weiterentwicklung des Wiener Stadtfestes und neuen Kulturhauskonzepten. Diese Aufgaben sind ebenso fordernd und gleichzeitig Ideen spendend wie der von einem interdisziplinären Forscherteam gegründete Verein »CINDIS« im Waldviertel, dem ich angehöre. Wir arbeiten gemeinsam in der Agentur »Ideenfindung Ei« in Wien und in der »Kulturwerkstatt Motten 33«. Wir produzieren Ideen, Projekte im Kultur-, Wissenschafts- und Eventbereich. Damit das erarbeitete und zugetragene Wissen weitergegeben werden kann, hat unser Kreis Seminare zu den Themen Ideenfindung, Kreativität und heutiges Bühnengeschehen sowie zur Kreativ-Wirtschaft entwickelt – sie werden in ganz Österreich in Anspruch genommen.

»Räume in Bewegung« ist das Produkt eines gemeinsamen Arbeitsprozesses von Marion Mauthe und mir, der sich über mehrere Monate hinzog: von der ersten Idee zum Konzept, vom Erlebnis zum stimmigen Zusammenhang – in einer Pendelbewegung zwischen Wien und dem Waldviertel.

In die kulturphilosophische Schatulle sind einige Erinnerungszettel eingelegt worden. Niederösterreich ist ein Land, in dem ein großer Kulturaufschwung stattfindet. Das Donaufestival hat als Bahnbrecher und internationales Ereignis einen großen Anteil daran. Umso mehr sollte der darstellenden Kunst künftig der gleiche Platz im Kernland Österreichs eingeräumt werden wie bisher der bildenden.

Ein Land ist immer so frei, wie es mit seinen Kulturvermittlern umgeht, die im Verborgenen blühen: in Kulturmagazinen, Jugendkulturzentren, Wirtshaustheatern, in den mutigen Kinder- und Jugendtheaterproduktionen, experimentellen Filmfestivals, den offenen Kulturdiskussionen, der freien Theatergruppenszene, den Donauraumsymposien, in einem Festspielhaus, das ein Tanzensemble der Weltklasse aufbauen will. Dafür lohnt sich Kulturarbeit in Niederösterreich. Die Netze sind geknüpft, die niederösterreichischen Städte tragen zur kulturellen Weiterentwicklung den ihnen zustehenden Anteil bei: St. Pölten baut ein neues zukunftsweisendes Kulturzentrum auf dem stadteigenen Grundstück des ehemaligen Schlachthofs. Hier wird bald eine Jugend- und Kulturhalle entstehen – mit ansehnlichen 2.780 Quadratmetern Nutzfläche ein Jugendzentrum der besonderen Art. Es soll ein Ort der Begegnung angeboten werden, der als multikulturelles Zentrum eine entscheidende Rolle im städtischen Kulturleben spielen wird. Neben einem gastronomischen und einem kulturellen Angebot soll in Workshops auch die eigene Kreativität gefördert werden, sodass die Halle vor allem als Sprungbrett in die Szene dienen kann: als Auftrittsmöglichkeit und Experimentierfeld für junge Gruppen.

und Ideen

Krems denkt über ein Veranstaltungshaus nach und sollte eine Donauarena bauen, Hainburg wieder Festivalsort werden und Tulln mit seinen Kulturschiffen verstärkt die Donau zur Bühne machen. Das Stadttheater Baden ist das am besten etablierte Haus in der Kulturlandschaft und hat seine Nische mit der Operette gefunden. Dazu kommen die Schätze der kulturellen Vergangenheit und die Kultur einer einzigartigen und vielfältigen Landschaft. Gerade ein so reiches Kulturland braucht zwischen Krems, St. Pölten und entlang der Donau ein international erfolgreiches und beachtenswertes Donaufestival, das sowohl künstlerisch als auch im Kulturtransfer Maßstäbe setzt.

Kultur ist kein Luxusgegenstand, sondern Gradmesser für soziokulturelle Prozesse. Die neue Situation für Kunstschaffende und Kulturvermittler bedeutet, sich bewusster mit Wirtschaftlichkeit auseinanderzusetzen, denn der Staat fungiert immer weniger als Geldquelle. Das alles kann nicht ohne emotionellen und rationalen Aufwand der Künstler vor sich gehen. Dabei können aber auch Energien freigesetzt werden, die zu Neuem drängen. Die Weiterentwicklung durch neue Technologien im Medienzeitalter führt zwangsläufig zu neuen Formen.

Ich habe mir erlaubt, zu diesem Themenkomplex zehn Thesen zu publizieren (»Donaumagazin« 1998/II). Ich möchte sie in gekürzter Form exemplarisch an den Schluss dieses Buches stellen:

1990
1991
1992
1993
1994
1995
1996
1997
1998
1999
2000

Zehn Thesen

zur Kulturpolitik

eins. eins. eins. eins. eins. eins. eins.
Die Illusion vom Ende des Tabus – Die Kunst darf sich nicht von der scheinbaren Tabulosigkeit unserer Gesellschaft täuschen lassen. Gerade von den Tabubrechern à la Hermes Phettberg sollten wir uns nicht über die zunehmende Engstirnigkeit unserer Gesellschaft hinwegtäuschen lassen. Die modernen Hofnarren sind kein Zeichen für Freigeist. In diesem Sinn muss die Kunst um ihren Platz immer kämpfen und ihre Freiheit immer fordern.

zwei. zwei. zwei. zwei. zwei. zwei. zwei.
Jugend ist Zukunft – Das Selbstbewusstsein der jungen Generation heimischer Kulturschaffender muss gehoben werden. Ändern wir doch die Fördermodelle und verleihen wir den Jungen Preise als Mutmacher!

drei. drei. drei. drei. drei. drei. drei.
Mehr Stolz auf Kultur made in Austria – Derzeit sind viel zu wenig heimische Künstler auf internationalen Festivals und Veranstaltungen präsent. Wir brauchen ein Kultur-Export-Konzept, das – vom Außenamt unterstützt – das andere, das moderne Österreich zeigt.

vier. vier. vier. vier. vier. vier. vier. vier.
Kunst, Kultur und Wissenschaft gehören zusammen – Angesichts der technologischen Entwicklungen brauchen Kulturschaffende wie Wissenschaftler zukunftsorientierte Rahmenbedingungen, die ein interdisziplinäres Arbeiten fördern. Politik muss sich in Richtung Integration, Zusammenführung und Konzentration dieser Bereiche engagieren.

fünf. fünf. fünf. fünf. fünf. fünf. fünf. fünf.
Österreich braucht ein zentrales Kulturservice – eine Anlauf- und Informationsstelle, in der sämtliche heimische Kultur-Produkte, Materialien, Daten und Fakten, aber auch Künstlerkontakte einsehbar und abrufbar sind. Sie sollte Österreich die Möglichkeit zur Kulturdemonstration in einem internationalen Kontext geben.

sechs. sechs. sechs. sechs. sechs. sechs.
Sparen wir die Kultur nicht zu Tode – Der permanente Sparappell an Künstler und Kulturvermittler wird ernst genommen. Seit Jahren werden die Mittel so effizient wie möglich eingesetzt, neue Ressourcen aus dem Wirtschaftsbereich erschlossen. Kultur aber nur dem Mammon unterzuordnen, schafft nicht nur unmündige Kulturverwalter, sondern schwächt auch auf Dauer die kulturelle Attraktivität eines Landes.

sieben. sieben. sieben. sieben. sieben.
Weniger Politik in der Kultur? – Vordergründig scheint der Rückzug der Politik aus der Kultur positiv zu sein und ist dort zu begrüßen, wo konkrete politische Einflussnahme geltend gemacht wurde. Wenn unter diesem Schlagwort aber die Auslagerung der kulturellen Verantwortung ausschließlich an privatwirtschaftliche Einrichtungen forciert wird, steht die kulturelle Identität eines Landes auf dem Spiel.

acht. acht. acht. acht. acht. acht. acht.
Kulturinfrastrukturbauten für dieses Jahrtausend – Wie kann Österreich in Zukunft seine kulturelle Europareife wahren und Weltkultur präsentieren, wenn es an modernen Nutzbauten und Kulturinfrastrukturen fehlt? Was im Sport und in der Filmbranche an Strukturveränderungen geleistet wird, sollte als Modell für die Kultur dienen.

neun. neun. neun. neun. neun. neun. neun.
Intensivere Kooperationen zwischen den Bundesländern – Die kulturellen Aktivitäten der einzelnen Bundesländer sollten ernster genommen, eine intensivere Kooperation sollte angestrebt werden. Gegenseitige Wertschätzung und Zusammenarbeit könnte bewirken, dass neue kreative Allianzen zwischen den Ländern gebildet werden und auch auf Bundesebene ein gleichwertiger Umgang stattfindet.

zehn. zehn. zehn. zehn. zehn. zehn. zehn.
Mehr Mut als oberste kulturpolitische Maxime – Das Kulturbild ist gesellschaftlich-politisch dermaßen im Wandel begriffen, dass wir uns keine Ablenkungs- und Täuschungsmanöver leisten dürfen. Ohne mutige, eigenwillige Konzepte und Programme wird Kunst bald im belächelten Liebhabereck stehen. Das Publikum herausfordern, zum Diskurs anregen, die Menschen in Bewegung halten, den Kreativen Chancen geben, Mut zum Denken und zum Widerspruch machen, muss Aufgabe einer zukunftsorientierten Kulturpolitik sein.

1990
1991
1992
1993
1994
1995
1996
1997
1998
1999
2000

Danke!

den Sponsoren.

Sie haben dieses Buch erst ermöglicht, und
»Räume in Bewegung« gesetzt.

niederösterreich kultur Abteilung Kultur und Wissenschaft des Landes Niederösterreich	bm:bwk
.KUNST bundeskanzleramt	Bundesministerium für auswärtige Angelegenheiten
IDM ERHARD BUSEK-STIPENDIEN	1000 JAHRE Krems AM FLUSS DER ZEIT
Landeshauptstadt ST. PÖLTEN	Tulln an der Donau
ANDERSWELT HEIDENREICHSTEIN	Mit Unterstützung der Stadtgemeinde BADEN – Kulturamt

Ehren Tafel

AUSTRIA TABAK KULTUR LEBEN ART CULT CENTER » TABAKMUSEUM «	ORF NIEDER ÖSTERREICH	IDEENFINDUNG EI Idee - Konzept - Regie
NÖN NÖ Nachrichten	Raiffeisen. Meine Bank	alumni verband universität wien
MITSUBISHI MOTORS Teuschl	klik Klik Bühnensysteme	Niederösterreichischer Bauernbund AUS LIEBE ZUM LAND
Verbund	SICHER GANZ NAH Die Niederösterreichische VERSICHERUNG	österreichische LOTTERIEN
AVB	VEREIN Niederösterreichisches Donaufestival	TEXTIL TEPPICH MÖBEL Leiner
TOPLAK MOBILE POWER	KAISER Bier	donau festival niederösterreich
HYPO NÖ. LANDESBANK	LTI LUKAS KALTENBÄCK	BMS Production Group

Bildnachweis

Eva Brandeis: 6, 7

Inge Morath: 10/11

Eduard Neversal: 14, 15, 56

Michael O'Neill: 18/19

Christian Ferry Tschaegl: 21, 31, 54/55

Wolfgang Kalal: 22, 44

Lukas Beck: 23, 25, 43, 46/47, 60/61, 63, 64, 65, 66, 67, 69, 70, 71, 72/73, 75, 77, 78, 79, 81, 82, 86/87, 89, 90, 91, 94, 95, 96, 97, 101, 106, 107, 111, 113, 114, 115, 116, 117, 118, 119, 121, 122, 123, 125, 127, 128, 129, 130/131, 132, 133, 136/137, 139, 140, 141, 144, 145, 146, 147, 148/149, 150, 151, 153, 154, 155, 156, 159, 162/163, 165, 166, 167, 168, 169, 172, 173, 174, 175, 176/177, 178, 179, 181, 182, 183, 185, 186/187, 190, 191, 192, 193, 194, 195, 196/197, 201, 204, 212/213, 217, 218, 219, 221, 222, 223, 224

Helmut Lackinger: 24, 26, 32/33, 236, 237

André Beekman: 27

Donaufestival Archiv: 34/35, 37, 40, 41, 45, 51, 52, 53, 57, 58, 93, 189, 210, 211, 245, 248, 250, 251, 252, 253, 254, 255

Manfred Melzer: 38

Christian Fischer: 39

Van Baasbank & Baggermman: 50

Stoimen Stoilov/Foto Stefan Liewehr: 92, 104/105, 120, 142

Dee Conway: 98/99

Tommaso Lepera: 102/103

Tanztheater Ikarus: 110

Günter Wolfsberger/Foto Viktor Groschedl/©VBK. Wien, 2002: 124

Karin Rupacher: 126

Sigrid Perthen: 170

Ulrike Weiss: 171

NÖ Landespressedienst/Schleich: 184, 210, 211

Claus Prokop/Foto Ernst Peter Prokop: 198, 199, 200

Christoph Rodler: 202

Franz Politzer: 205

Vojtek Pisarík: 206, 207

Axel Zeininger/©Wiener Staatsopernballett: 208/209

E. Valette: 215

Alfred Kubin/Heidnisches Opfer um 1900/©VBK. Wien, 2002: 216

Gottfried Helnwein/Foto Alfred Pohl/©VBK. Wien, 2002: 226, 227, 228/229, 232, 235

Wetzstein: 235

NÖ Donaufestival/Johannes Kittel: 238/239, 258, 259, 260/261, 266, 267

Didim Dance Company: 241, 242, 243

Marianne Menke: 244

Zirkus Meer: 246, 247, 249

Makis Warlamis/IDEA/Foto Peter Reischer/©VBK. Wien, 2002: 256/257

Fuernkranz: 262, 264/265

Umschlag: Alf Krauliz, Donaufestival Archiv; Marion Mauthe © Emanuel Mauthe; Lukas Beck © Hans Peter Falkner